Elio Alexis Riera
Belkys Hidalgo
Nattasha Magallanes

Cinética Química de las Reacciones Sencillas - Nueva Versión

Elio Alexis Riera
Belkys Hidalgo
Nattasha Magallanes

Cinética Química de las Reacciones Sencillas - Nueva Versión

La Cinética Química de las Reacciones Sencillas se ha diseñado para estudiantes en Ciencias de Universidades

Editorial Académica Española

Imprint
Any brand names and product names mentioned in this book are subject to trademark, brand or patent protection and are trademarks or registered trademarks of their respective holders. The use of brand names, product names, common names, trade names, product descriptions etc. even without a particular marking in this work is in no way to be construed to mean that such names may be regarded as unrestricted in respect of trademark and brand protection legislation and could thus be used by anyone.

Cover image: www.ingimage.com

Publisher:
Editorial Académica Española
is a trademark of
Dodo Books Indian Ocean Ltd. and OmniScriptum S.R.L publishing group

120 High Road, East Finchley, London, N2 9ED, United Kingdom
Str. Armeneasca 28/1, office 1, Chisinau MD-2012, Republic of Moldova, Europe
Printed at: see last page
ISBN: 978-613-9-43348-3

CINÉTICA DE LAS REACCIONES SENCILLAS

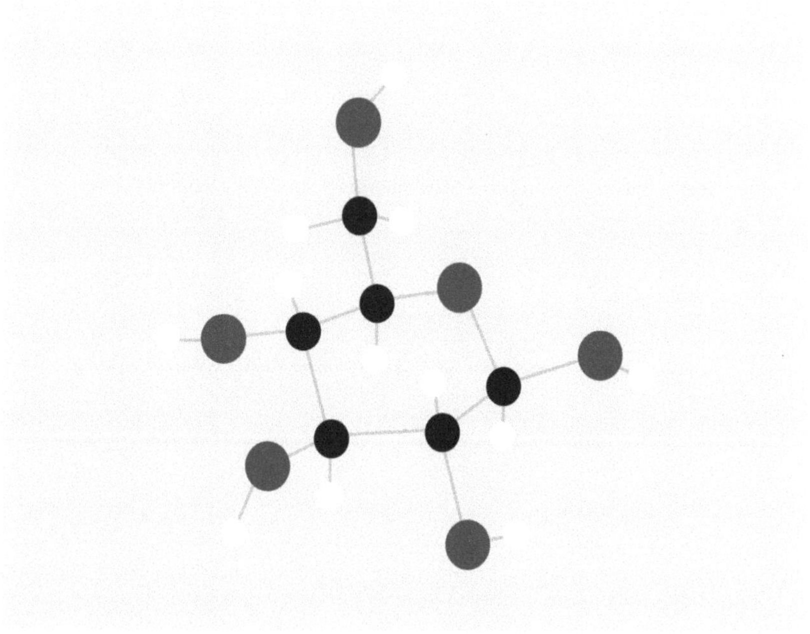

Elio Alexis Riera
Belkys Hidalgo
Natasha Magallanes

Nueva Versión

01/08/2024

CINÉTICA QUÍMICA DE LAS REACCIONES SENCILLAS

ELIO ALEXIS RIERA, Dr.

Profesor Titular del Área de Fisicoquímica de la UPEL, Núcleo Maracay

BELKYS PASTORA HIDALGO, Dra. †

Profesora Agregada del Área de Fisicoquímica de la UPEL, Núcleo Maracay

NATTASHA MAGALLANES, Dra.

Profesora Agregada del Área de Física de la UPEL. Núcleo Maracay

NUEVA VERSIÖN

Año 2024

CONTENIDO

Descripción	*Pág.*
CAPÍTULO I	
Velocidad de Reacción………………………………………………………………	*8*
Velocidad Promedio………………………………………………………………	*8*
Velocidad Instantánea…………………………………………………………….	*8*
Velocidad de Reacción y Estequiometría……………………………………….	*13*
Determinación de la Ley de Velocidad…………………………………………	*15*
Cuestionario # 1…………………………………………………………………	*16*
Respuesta al Cuestionario # 1…………………………………………………	*18*
CAPÏTULO 2	
Ecuaciones Integradas de Velocidad……………………………………………..	*19*
Reacciones de Orden Cero………………………………………………………..	*19*
Cuestionario # 2………………………………………………………………….	*20*
Respuesta al Cuestionario # 2…………………………………………………	*21*
Reacciones de Orden Uno………………………………………………………….	*22*
Reacciones de Orden Uno en Fase Gaseosa…………………………………….	*24*
Cuestionario # 3…………………………………………………………………	*25*
Respuesta al Cuestionario # 3…………………………………………………	*26*
Reacciones de Orden Dos………………………………………………………….	*27*
Reacciones de Orden Dos Tipo I………………………………………………	*27*
Reacciones de Orden Dos Tipo II……………………………………………..	*29*
Cuestionario # 4…………………………………………………………………	*31*

Respuesta al cuestionario # 4 32

Modelo de Prueba 33

Respuesta al Modelo de Prueba 34

Reacciones de Orden Tres 36

Reacciones de Orden Tres Tipo I 36

Reacciones de Orden Tres Tipo II 37

Reacciones de Orden Tres Tipo III 38

Cuestionario # 5 39

Respuesta al Cuestionario # 5 40

Reacciones de Pseudo Orden 41

CAPÏTULO 3

Interpretación de los Datos Cinéticos para las Reacciones Sencillas 43

Reacciones donde el Reactivo aumenta su Concentración 48

Cuestionario # 6 49

Respuesta al Cuestionario # 6 51

CAPÏTULO 4

Dependencia de la Constante de Velocidad de las Reacciones sencillas con la Temperatura 52

Relación de Van't Hoff 55

Cuestionario # 7 56

Respuesta al Cuestionario # 7 57

Teoría del Complejo Activado 58

Cuestionario #8 60

Respuesta al Cuestionario # 8 61

CAPÏTULO 5

Reacciones Sencillas en Disolución 62

Efecto Salino Primario……………………………………………………………………………… 62

Problemas Propuestos……………………………………………………………………………… 64

CAPÏTULO 6

Relaciones Lineales de Energía Libre…………………………………………………………….. 68

Problemas Propuestos……………………………………………………………………………… 78

Referencias Bibliográficas………………………………………………………………………… 80

PRÓLOGO

Desde hace muchos años, la cinética química se ha desarrollado en el campo de la fisicoquímica como un tema fundamental en el aprendizaje de los estudiantes de ciencias. Es por ello, el propósito de escribir el libro Cinética Química de las Reacciones Sencillas (Simples) de Orden: Cero, Uno, Dos y Tres; además se agregaron otros temas como la cinética en solución y relaciones lineales de energía libre, para profundizar el nivel del conocimiento en los temas tratados.

Este libro se ha escrito y corregido errores de la impresión inicial para que los estudiantes se inicien en la cinética química y que le sirvan de apoyo a los temas más avanzados en este campo de estudio.

Con el fin de mantener el interés en este tipo de estudiantes, se ha considerado las aplicaciones prácticas de la cinética química relacionadas con la Biología y la Física. Se utiliza la metodología programada la cual le sirve al estudiante verificar los pasos y el resultado de cada uno de los ejercicios sugeridos. Se le ha agregado nuevos capítulos para su profundización.

La Cinética Química de las reacciones sencillas se ha diseñado para un curso introductorio, pero con un conocimiento de las Matemáticas Universitaria Avanzada. Este libro se puede utilizar en las Escuelas de Ciencias e Ingeniería como iniciación del tema.

Los Autores

Elio Alexis Riera, Belkys Pastora Hidalgo y Nattasha Magallanes

Profesores de la Universidad Pedagógica Experimental Libertador

Área de Fisicoquímica del Núcleo Pedagógico de Maracay

INTRODUCCIÓN

La Cinética Química estudia la velocidad y el mecanismo del transcurso de los procesos químicos, así como su dependencia de diferentes factores. Además de los procesos químicos, en la Cinética se consideran también, las velocidades de transformación de fase y los procesos en disolución

La importancia aplicada de la cinética se determina por el hecho de que para la utilización práctica de alguna reacción es preciso saber controlar, es decir, conocer la velocidad de su transcurso en las condiciones dadas y los métodos de variar esta velocidad.

La significación teórica de la Cinética Química consiste en el estudio del transcurso de los procesos con el tiempo, permitiendo aclarar muchas peculiaridades importantes del proceso y penetra en lo esencial del mecanismo de las reacciones químicas.

Los estudios Cinéticos, permiten determinar el orden y las constantes de velocidad específicas del proceso, el número y carácter de los productos intermedios, permite dilucidar la influencia de la naturaleza del disolvente, determinar el carácter y el número de enlaces que se desdoblan en el recorrido de la reacción.

CAPÍTULO 1

Cinética de las Reacciones Sencillas

Velocidad de Reacción

La velocidad de reacción química se expresa en términos de la variación de la concentración de un reactivo o producto que tiene lugar al transcurrir el tiempo. Si la reacción ocurre a un volumen constante, sea en fase líquida o gaseosa, como ocurre en todas las reacciones que ocurren en laboratorios, la velocidad se suele expresar en términos de variación de la concentración con el transcurso del tiempo.

$$V=(C_{Posterior}-C_{Inicial})/[(tiempo)_{Posterior}-(tiempo)_{inicial}] \quad (a)$$

Velocidad Promedio. Cambio de concentración en un intervalo de tiempo.

$$\bar{V}=\Delta c/\Delta t \quad (b)$$

Ejemplo: Un reactivo reacciona en 200s para dar 50 mol/L de un producto. Determine la velocidad promedio. $\bar{V} = \Delta c/\Delta t = (50-0)/(200-0) = 0{,}25$ M/s

nota: se colocó cero inicialmente no se ha producido nada y es a tiempo cero.

Velocidad Instantánea. Es el cambio de concentración en cualquier instante por cada cambio infinitesimal del tiempo.

$$V=-dR/dt=dP/dt \quad (c)$$

Se coloca el signo negativo en los reactivos porque va desapareciendo al transcurrir el tiempo.

Velocidades de Reacción Química

Al final de esta sección, podrá:

- Definir la velocidad de reacción química
- Deducir expresiones de velocidad a partir de la ecuación balanceada para una reacción química dada.
- Calcular velocidades de reacción a partir de datos experimentales.

La rata es una medida de cómo varía alguna propiedad con el tiempo. La velocidad es una tasa familiar que expresa la distancia recorrida por un objeto en un período de tiempo determinado. El salario es una tasa que representa la cantidad de dinero que gana una persona trabajando durante un período de tiempo determinado. Del mismo modo, la velocidad de una reacción química es una medida de cuánto reactivo se consume o cuánto producto se produce en la reacción en un período de tiempo determinado.

La velocidad de reacción es el cambio en la cantidad de un reactivo o producto por unidad de tiempo. Por lo tanto, las velocidades de reacción se determinan midiendo la dependencia del tiempo de alguna propiedad que puede relacionarse con las cantidades de reactivo o producto. Las velocidades de las reacciones que consumen o producen sustancias gaseosas, por ejemplo, se determinan convenientemente midiendo los cambios de volumen o presión. Para reacciones que involucran una o más sustancias coloreadas, las velocidades pueden monitorearse mediante mediciones de absorción de luz. Para reacciones que involucran electrolitos acuosos, las velocidades se pueden medir mediante cambios en la conductividad de una solución.

Para reactivos y productos en solución, sus cantidades relativas (concentraciones) se usan convenientemente para expresar las velocidades de reacción. Por ejemplo, la concentración de peróxido de hidrógeno, H2O2, en una solución acuosa cambia lentamente con el tiempo a medida que se descompone según la ecuación:

$$2H_2O_2\,(aq) \rightarrow 2H_2O\,(l) + O_2\,(g)$$

La velocidad a la que se descompone el peróxido de hidrógeno se puede expresar en términos de la velocidad de cambio de su concentración, como se muestra aquí:

La rata de descomposición de H_2O_2=−cambio en la concentración del reactivo en un intervalo de tiempo= $-([H_2O_2]\,t_2 - [H_2O_2]\,t_1)/t_2 - t_1 = -\Delta\,[H_2O_2]/\Delta t$

Esta representación matemática del cambio en la concentración de especies a lo largo del tiempo es la expresión de la velocidad de reacción. Los paréntesis indican concentraciones molares y el símbolo delta (Δ) indica "cambio de". De este modo, $[H_2O2]_1$, representa la concentración molar de peróxido de hidrógeno en algún momento t_1; asimismo, $[H_2O_2]_2$, representa la concentración molar de peróxido de hidrógeno en un momento posterior t_2; y $\Delta[H_2OH_2]$ representa el cambio en la concentración molar de peróxido de hidrógeno durante el intervalo de tiempo Δt (eso es, $t_2 - t_1$). Dado que la concentración del reactivo disminuye a medida que avanza la reacción, Δ $[H_2O_2]$ es una cantidad negativa. Las velocidades de reacción son, por convención, cantidades positivas y, por lo tanto, este cambio negativo en la concentración se multiplica por −1. La figura 1 proporciona un ejemplo de datos recopilados durante la descomposición de H_2O_2.

Time (h)	$[H_2O_2]$ (mol L^{-1})	$\Delta[H_2O_2]$ (mol L^{-1})	Δt (h)	Rate of Decomposition, (mol L^{-1} h^{-1})
0.00	1.000			
		−0.500	6.00	0.0833
6.00	0.500			
		−0.250	6.00	0.0417
12.00	0.250			
		−0.125	6.00	0.0208
18.00	0.125			
		−0.062	6.00	0.010
24.00	0.0625			

Figura 1. La velocidad de descomposición del H_2O_2 en una solución acuosa disminuye a medida que disminuye la concentración de H_2O_2.

Para obtener los resultados tabulados de esta descomposición, se midió la concentración de peróxido de hidrógeno cada 6 horas durante el transcurso de un día a una temperatura constante de 40 °C. Las velocidades de reacción se calcularon para cada intervalo de tiempo dividiendo el cambio en la concentración por el incremento de tiempo correspondiente, como se muestra aquí para el primer período de 6 horas:

$-\Delta[H_2O_2]/\Delta t = -(0.500 mol/L - 1.000 mol/L)/(6.00 h - 0.00 h) = 0.0833 mol^{-1}.h^{-1}$

Observe que las velocidades de reacción varían con el tiempo y disminuyen a medida que avanza la reacción. Los resultados del último período de 6 horas arrojan una velocidad de reacción de:

$-\Delta[H_2O^2]/\Delta t = -(0.0625 mol/L - 0.125 mol/L)/(24.00 h - 18.00 h) = 0.010 mol^{-1}.h^{-1}$

Este comportamiento indica que la reacción se ralentiza continuamente con el tiempo. El uso de las concentraciones al principio y al final de un período de tiempo durante el cual la velocidad de reacción está cambiando da como resultado el cálculo de una velocidad promedio para la reacción durante este intervalo de tiempo. En cualquier momento específico, la velocidad a la que se produce una reacción se conoce como velocidad instantánea. La velocidad instantánea de una reacción en el "tiempo cero", cuando comienza la reacción, es su velocidad inicial. Considere la analogía de un automóvil que reduce la velocidad cuando se acerca a una señal de alto. La velocidad inicial del vehículo, análoga al inicio de una reacción química, sería la lectura del velocímetro en el momento en que el conductor comienza a pisar los frenos (t0). Unos momentos más tarde, la tasa instantánea en un momento específico (llámelo t1—sería algo más lento, como indicaba la lectura del velocímetro en ese momento. A medida que pasa el tiempo, la tasa instantánea seguirá cayendo hasta llegar a cero, cuando el auto (o la reacción) se detenga. A diferencia de la velocidad instantánea, el velocímetro no indica la velocidad promedio del automóvil; pero se puede calcular como la relación entre la distancia recorrida y el tiempo necesario para detener el vehículo por completo (Δt). Al igual que el automóvil que desacelera, la velocidad promedio de una reacción química se ubicará en algún punto entre su velocidad inicial y final.

La velocidad instantánea de una reacción se puede determinar de dos maneras. Si las condiciones experimentales permiten medir los cambios de concentración en intervalos de tiempo muy cortos, entonces las tasas promedio calculadas como se describió anteriormente proporcionan aproximaciones razonablemente buenas de las tasas instantáneas. Alternativamente, se puede utilizar un procedimiento gráfico que, de hecho, produzca los resultados que se obtendrían si fueran posibles mediciones en intervalos de tiempo cortos. En un gráfico de la concentración de peróxido de hidrógeno frente al tiempo, la velocidad instantánea de descomposición de H2O2 en cualquier momento está dada por la pendiente de una línea recta que es tangente a la curva en ese momento (Figura. 2). Estas pendientes de rectas tangentes se pueden evaluar mediante cálculo, pero el procedimiento para hacerlo está fuera del alcance de este capítulo.

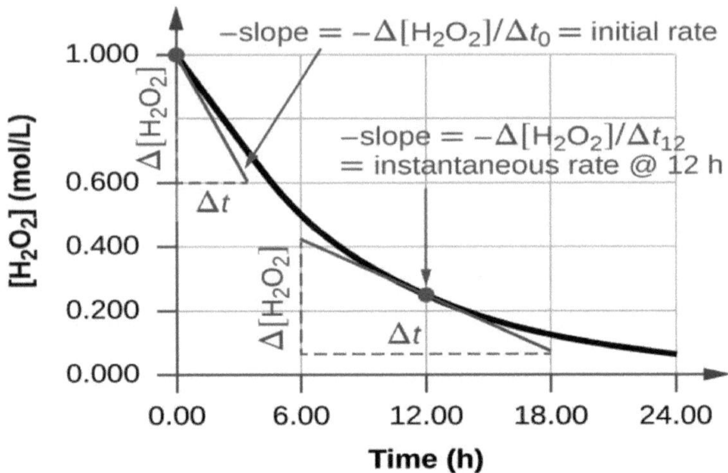

Figura 2. Este gráfico muestra una gráfica de concentración versus tiempo para una solución 1.000 M de H_2O_2. La tasa en cualquier momento es igual al negativo de la pendiente de una recta tangente a la curva en ese momento. Las tangentes se muestran en t = 0 h ("tasa inicial") y en t = 12 h ("tasa instantánea" a las 12 h).

Velocidad de Reacción y la Estequiometría

Sea la reacción: $aA + bB \rightarrow cC + dD$

Para la velocidad instantánea, se tiene: $V= -1/a \, . \, dC_A/dt=-1/b \, . \, dC_B/dt= 1/c \, . \, dC_C/dt=$

$1/d \, . \, dC_D/dt$ (d)

Ejemplo: exprese la velocidad de reacción de la siguiente reacción:

$$N_2 + 3H_2 \rightarrow 2NH_3$$

$-dC_{N2}/dt= -1/3 \; dC_{H2}/dt = 1/2 \; dC_{NH3}/dt$

$V_{N2} = 1/3 \; V_{H2}= ½ \; V_{NH3}$

Si la velocidad de desaparición del nitrógeno es 0,45 M7s. ¿Cuál será la velocidad de formación del amoniaco?

$V_{N2} = ½ \; V_{NH3}$

$V_{NH3} = 2 \; V_{N2} = 2 \times 0.45 = 0, 90$ M/s

La teoría de las velocidades de reacción para las reacciones sencillas para los casos de: Orden Cero, Orden Uno y Orden Dos, la podemos esquematizar por una reacción hipotética global, de la forma.

$$a\,A + bB + \ldots\ldots\ldots \rightarrow c\,C + d\,D + \ldots.$$

Puede expresarse como: $-d\,C_A/\,dt$; $-d\,C_B/\,dt$...; $d\,C_C/\,dt$; $d\,C_D/\,dt$

Donde el signo negativo indica la disminución de concentración de uno de los reactivos y el positivo el aumento de la concentración de unos de los productos.

La ecuación de velocidad para una reacción sencilla (el orden coincide con la molecularidad de la reacción) contiene una constante de proporcionalidad, K, conocida como constante de velocidad específica y las concentraciones de los reactivos que intervienen en la ecuación de la reacción elevados a una potencia real. La ecuación de la reacción real los exponentes pueden ser igual o no a la ecuación estequiométrica que define la reacción. El valor del exponente de la ecuación diferencial se conoce como orden de la reacción de ese reactivo y la suma de los exponentes donde están involucrados los reactivos se le llama orden total de la reacción.

La dimensión de la constante específica de velocidad, K, son:

$$[(\text{Concentración})^{1\text{-orden total}}.\ (\text{Tiempo})^{-1}]$$

La constante K, de la ecuación anterior es representativa de reacciones de orden sencillo en la cual el coeficiente estequiométrico coincide con los exponentes de la ecuación diferencial respectiva.

De acuerdo al número de molécula que intervienen en las reacciones sencillas, las podemos clasificar en:

Reacciones de Orden Cero

Reacciones de Orden Uno

Reacciones de Orden Dos:

a) Tipo I

b) Tipo II

Reacciones de Orden Tres:

a) Tipo I

b) Tipo II

c) Tipo III

Para la reacción esquematizada anteriormente, le aplicamos la ley de acción de masas que dice: la velocidad de una reacción es directamente proporcional a la concentración de los reactivos elevados a un exponente, llamados orden de una reacción.

$$V = KC_A^{\alpha}\ C_B^{\beta}$$

De aquí podemos deducir, si $\alpha = a$ y $\beta = b$ estamos en presencia de una reacción sencilla, de la que hemos hablado anteriormente. El orden total será $\alpha + \beta = n$

Determinación de las Leyes de Velocidad

Se utiliza el método de las velocidades iniciales, en el cual consiste trazando tangentes en la gráfica de concentración contra el tiempo inicial.

Experimento	C_A	Velocidad inicial (M/s)
1	0,10	3,62 x 10-7
2	0,20	7,29 x 10-7

Ejemplo: encontrar la ley de velocidad para la descomposición de un reactivo A, de acuerdo a la siguiente información;

$$V = K\, C_A^{\alpha}$$

Para 1

$3{,}62 \times 10\text{-}7 = K\,(0{,}10)^{\alpha}$

Para 2

$7{,}29 \times 10\text{-}7 = K\,(0{,}20)^{\alpha}$

Dividimos 2 entre 1 $(7{,}29 \times 10^{-7}/(3{,}62 \times 10^{-7}) = (KC_A^{\alpha})/(KC_A^{\alpha}) = [0{,}20)/(0{,}10)]^{\alpha}$

$2{,}01 = 2^{\alpha}$

$\log 2{,}01 = \alpha \log 2$

$\alpha = 1$

La ley de velocidad será: $V = KC_A$

Ejemplo: Se midió la velocidad inicial para la reacción, A + B → C arrojando los resultados siguientes.

Experimento	CA	CB	V_0 (M/s)
1	0,03	0,01	$1{,}7\text{x}10^{-8}$
2	0,06	0,01	$6{,}8\text{x}10^{-8}$
3	0,03	0,02	$4{,}9 \times 10^{-8}$

Determinar la ley de velocidad y el valor de la constante cinética.

$$V= KC_A^{\alpha}\ C_B^{\beta}$$

Experimento 2 y 1

$$(6,8 \times 10^{-8})/(1,7 \times 10^{-8}) = (KC_A^{\alpha}\ C_B^{\beta})/(KC_A^{\alpha}\ C_B^{\beta}) = (0,06)^{\alpha}\ (0,01)^{\beta}/(0,03)^{\alpha}\ (0,01)^{\beta}$$

$4 = 2^{\alpha}$

$\log 4 = \alpha \log 2$

$\alpha = 2$

Experimento 3 y 1

$$(4,9 \times 10^{-8})/(1,7 \times 10^{-8}) = (0,03)^{\alpha}\ (0,02)^{\beta}/(0,03)^{\alpha}\ (0,01)^{\beta}$$

$2,9 = 2^{\beta}$

$\log 2,9 = \beta \log 2$; $\beta = 1,5 = 3/2$

Ley de velocidad será: $V= KC_A^{2}\ C_B^{3/2}$

$K= V/(C_A^{2} . C_B^{3/2}) = 1,7 \times 10^{-8}/(0,03)^2\ (0,01)^{3/2} = 1,89 \times 10^{-2}$

CUESTIONARIO 1

1. Exprese las velocidades de reacción de los reactivos y productos de las siguientes reacciones:

   2 Ce+4 + Tl+1 →2Ce+3 + Tl+3

   2NO2 →2NO + O2

   2NO2Cl →2NO2 + Cl2

2. Para la reacción 2NO2Cl →2NO2 + Cl2, la velocidad de desaparición de NO2Cl 8,5x10-9 M.s-1 a) ¿cuál es la velocidad de formación del NO2? b) ¿Cuál es la velocidad de formación de Cl2?
3. Para la reacción A + 3B → C, se obtuvieron los datos siguientes:

Experimento	C_A	C_B	Vo ($M.s^{-1}$)
1	0,1	0,1	$5,40 \times 10^{-4}$
2	0,2	0,1	$4,32 \times 10^{-4}$
3	0,2	0,2	$4,32 \times 10^{-3}$

Determine a) ley de velocidad b) la constante cinética c) ¿será una reacción sencilla?

RESPUESTA AL CUESTIONARIO 1

1. a) 1/2 V_{Ce+4} = V_{Tl+1} = 1/2 V_{Ce+3} = V_{Tl+3} b) 1/2V_{NO2} = 1/2V_{NO} = V_{O2} c)1/2V_{NO2Cl} = V_{NO2} = V_{CL2}
2. a) 8.5x10^{-9} b) 4,25x10^{-9}
3. a) V = KC_A^3 b) 0,54 c) No concuerda el orden con la molecularidad, por lo tanto, no es sencilla

CAPÍTULO 2

Ecuaciones Integradas de Velocidad

En este capítulo, se desarrollarán las ecuaciones integradas de velocidad que dominan las reacciones sencillas, partiendo del concepto de velocidad instantánea aplicado a este tipo de reacciones. Es por ello, que se tomará en cuenta la clasificación expuesta con anterioridad y siguiendo la secuencia se hará las demostraciones de cada una de ellas.

REACCIONES DE ORDEN CERO

La velocidad de reacción es de orden cero, si no depende de la concentración de la sustancia participante.

1. La velocidad de reacción estará limitada por los siguientes factores:
2. En los procesos catalizados, por la velocidad de difusión de los reactantes.
3. En fotoquímica; por la intensidad y la naturaleza de la luz.
4. En radiaciones químicas; por la energía e intensidad y naturaleza de la radiación.

Esquema Cinético

$$A \rightarrow Producto$$

Para:			
	$t=0$	C_{Ao}	0
	$t=t$	C_A	C_P

Entonces $C_{Ao} - C_A = C_P$; donde C_P es la concentración del producto. La ecuación diferencial será:

$$-d\,C_A/dt=K\,C_A^0 \qquad (1)$$

Integrando la Ecuación Diferencial

$$\int -dC_A=\int Kdt \qquad (2)$$

$$-C_A= Kt+I \qquad (3)$$

Para evaluar la constante de integración I, hacemos que para $t = 0$; $C_A = C_{Ao}$

queda: $I = -C_{Ao}$. (4)

Por lo tanto la ecuación es $C_{Ao} - C_A = Kt$ (5)

$C_A = -Kt + C_{Ao}$ (6)

Vida Media ($t_{1/2}$)

Se define como el tiempo en el cual queda exactamente la mitad del reactivo.

Vida Media para una Reacción de Orden Cero

Condición cuando: $t = t_{½}$; $C_A = 1/2\ C_{Ao}$

La ecuación queda: $t_{1/2} = C_{Ao}/(2\ K)$ (7)

Unidades de K para una Reacción de Orden Cero: $Mol.\ L^{-1}.\ s^{-1}$

CUESTIONARIO # 2

Resolver los ejercicios indicados para reacciones de orden cero.

1. Haga una lista de los factores limitantes que tienen las reacciones de orden cero.

2. Represente gráficamente la ecuación que domina una reacción de orden cero, indicando el valor de la pendiente y el intercepto.

3. De un ejemplo de una reacción de orden cero.

4. Buscar en la literatura, señala un ejemplo de problema que se ajuste a una reacción de orden cero

RESPUESTA AL CUESTIONARIO # 2

1. Proceso de catálisis, la velocidad de difusión, proceso fotoquímico, la intensidad y naturaleza de la luz, proceso de radiación y la energía e intensidad de la naturaleza radioactiva.

2. Ecuación: $C_A = -Kt + C_{Ao}$

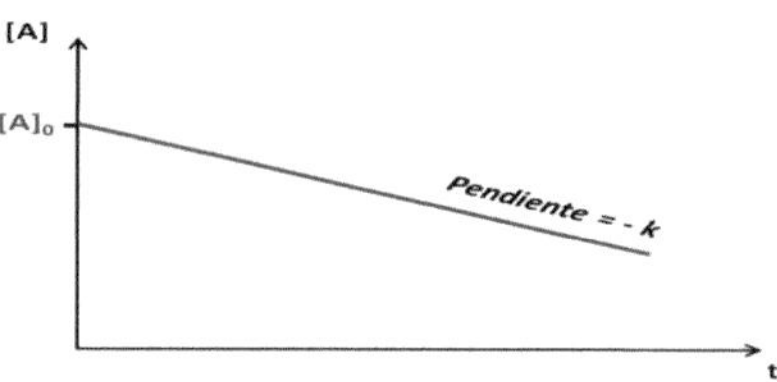

3. Las reacciones de fotosíntesis de las plantas ya que no hay cambios apreciables en la concentración del reactivo, este caso la savia de la planta se considera una reacción de orden cero.

4. Cualquier ejemplo donde se aplique la teoría para reacciones de orden cero.

REACCIONES DE ORDEN UNO

Esta ecuación se puede escribir de otra forma Las reacciones de orden 1 pueden representarse esquemáticamente de la forma:

$$A \rightarrow \text{Producto}$$

Esquema cinético: Para:	t=0	C_{Ao}	0
	t= t	C_A	C_P
	t=t∞	0	= C_{Ao}

La ecuación diferencial que domina el proceso es:

$$-d\,C_A/dt = KC_A \quad (8)$$

Integrando la Ecuación

$$\int -d\,C_A/C_A = \int K dt$$

Solución:

$$\ln C_A = -Kt - I \quad (9)$$

Para evaluar I, hacemos t= 0; $C_A = C_{Ao}$ esto da como resultado I= $-\ln C_{Ao}$ sustituyendo en la ecuación (9), y reagrupando términos obtenemos la ecuación lineal siguiente:

$$\ln C_A = -Kt + \ln C_{Ao} \quad (10)$$

Esta ecuación se puede colocar de la forma siguiente:

$$\ln(C_{Ao}/C_A) = Kt \quad (11)$$

$$C_A = C_{Ao}\, e^{-Kt} \quad (12)$$

De esta ecuación se deduce que en la reacción de orden uno la concentración del reactivo disminuye exponencialmente con el tiempo, desde un valor inicial hasta un valor final cero.

Representación Gráfica

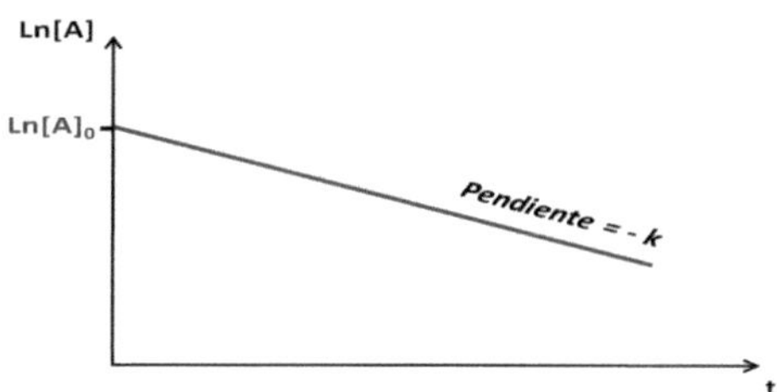

Unidades de K, para una reacción de Orden Uno: s^{-1}

Vida Media para una Reacción de Orden Uno

Para t = t ½ C_A= $C_{Ao}/2$; introduciendo estas condiciones en (11), se obtiene:

$t_{1/2}$ =0,693/K (13)

Ejemplo: Los siguientes datos fueron obtenidos sobre la velocidad de hidrólisis de una disolución acuosa de sacarosa al 17% en HCL 0.099 N a 35 ºÇ.

Tiempo (min)	9.82	59.60	93.18	142.90	294.80	589.40
% Residuo de sacarosa	96.50	80.30	71.00	59.10	32.80	11.10

¿Cuál es el valor de la constante K en segundos-1?

Solución

Como la concentración de la sacarosa al inicio de la reacción es un 100% = C_(Ao) ; la concentración del residuo a los diferentes tiempos es C_(A); construimos la siguiente tabla:

Ln (% Residuo)	4.60	4.38	4.26	4.07	3.49	2.40
Tiempo (min.)	9.82	59.60	93.18	142.90	294.80	589.40

Si representamos el Ln (% Residuo) contra el tiempo, la pendiente que se obtiene da un valor de: - 3.57 .10-3 min-1; como la pendiente es igual a –K entonces:

K = 3.57 .10-3 min-1

El valor de K pedido será: (3.57 .10-3 min-1)/(60s/min)= 5.95 .10-5 s-1

Reacciones de Orden Uno en Fase Gaseosa

Sea una reacción de orden uno en fase gaseosa de la forma:

$aA \rightarrow bB + cC + ...$

Llamamos Po a la presión inicial de A a t = 0, entonces Po œ C_{Ao} y P_Aœ C_A a t = t

La presión total del sistema será: $Pt = P_A + P_B + P_C + ...$ (14)

Si el aumento de presión lo llamamos x, tenemos:

$P_A = Po - ax; P_B = bx; P_C = cx; ....$

$Pt = Po - ax + bx + cx + ...$ (15)

Despejando x, nos queda: $x = (Pt - Po) / (b + c + ... - a)$ (16)

$P_A = [Po (b + c + ...) - aPt]/ (b + c + ... -a)$ (17)

Representación Gráfica

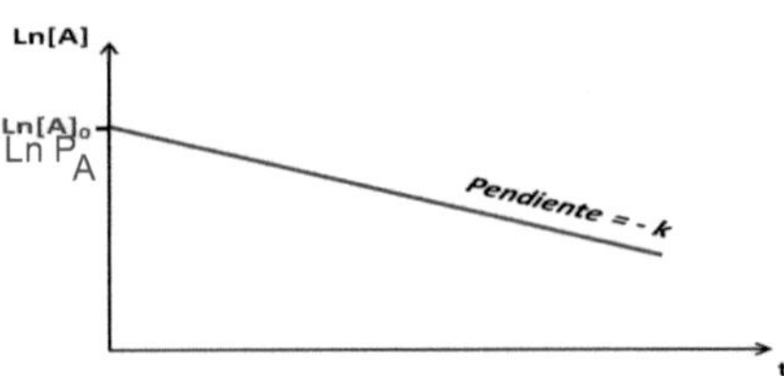

Las unidades de K son s-1, y Pa= C_A varía de acuerdo a los productos en formación.

Ejemplo: La descomposición en fase gaseosa del óxido de etileno en metano y monóxido de carbono, la cinética se siguió mediante los datos siguientes:

Tiempo (min)	0	5	7	9	12	18
Presión (mm)	116,51	122,56	125,72	128,74	133,23	141,37

Demostrar que la descomposición sigue una cinética de orden uno y calcular la constate de velocidad.

$$C_2H_4O\ (g) \rightarrow CH_4\ (g) + CO\ (g)$$

P_A = [Po (b + c + ...) - aPt]/ (b + c + ... -a) = 116, 51 x 2- 122, 56 / (2-1) =110, 46 (t=5 min)

P_A = [Po (b + c + ...) - aPt]/ (b + c + ... -a) = 116, 51 x 2 – 125, 56 / (2-1) = 107, 46 (t=7min)

Así mismo, se hace con los demás tiempos y se gráfica Ln P_A contra el tiempo; dando un resultado de la pendiente de - 0,0123; como – k = - m; se concluye que k = 0,0123 min-1

CUESTIONARIO # 3

1. Deduzca la expresión matemática para una reacción de orden uno en fase gaseosa según el esquema siguiente:

   $$A \rightarrow B + 2C$$

2. La descomposición del N2O5, es de orden uno. Si en un sistema dado la presión del N2O5 fuera de 69. 2 mm Hg y al transcurrir un tiempo de 10 min; 39.8 mm Hg a los 30 min. ¿Cuál sería el valor de la constante de velocidad específica para esta reacción?
3. ¿Cuál será la relación de los tiempos parciales (t3/4 + t1/2) / t1/2, para una reacción de orden uno?
4. La hidrólisis del bromuro de metilo es una reacción de orden uno, cuyo progreso fue seguido químicamente por titulación de muestras de mezclas de reacción con nitrato de plata. El volumen del títulante requerido para 10 ml de muestra a 33 ºÇ fue:

t (s)	0	5800	18000	24700	∞
V AgNO3 (ml)	0	5.9	17.3	22.4	49.5

Determine la constante de velocidad específica de la reacción.

RESPUESTA AL CUESTIONARIO # 3

1. Como Po œ C_{Ao} y P_A œ C_A

   $Pt = P_A + P_B + P_C$, entonces $P_A = Po - x$; $P_B = x$; $P_C = 2x$

   $Pt = Po - x + x + 2x = Po + 2x =$; $x = (Pt - Po)/2$

   $P_A = (3Po - Pt)/2$, la expresión de orden uno quedará en término de presiones así:

   $$\ln(2 Po/(3 Po-Pt)=Kt$$

2. P_{A1} es la concentración de N_2O_5 a t1

   P_{A2} es la concentración de N_2O_5 a t2

   $\ln P_{A1} - \ln P_{A2} = K (t_2 - t_1)$

   $K = (\ln P_{A1} - \ln P_{A2})/(t_2 - t_1) \rightarrow$ (ln 69.2 – ln 39.8)/ (30 - 10) min

   $K = 4.62 . 10^{-4}\ s^{-1}$

3. Para una reacción de orden uno $t_{1/2} = 0,693/K$ y $t\ 3/4 = (\ln 4/3)/K$

   $(t_{3/4} + t_{1/2})/ t_{1/2} \rightarrow (1/K\ (\ln 4/3 + \ln 2))/(1/K\ \ln 2) = 1,42$

4. Haciendo el gráfico de ln (V∞ - Vt) contra el tiempo

Ln (V∞ - Vt)

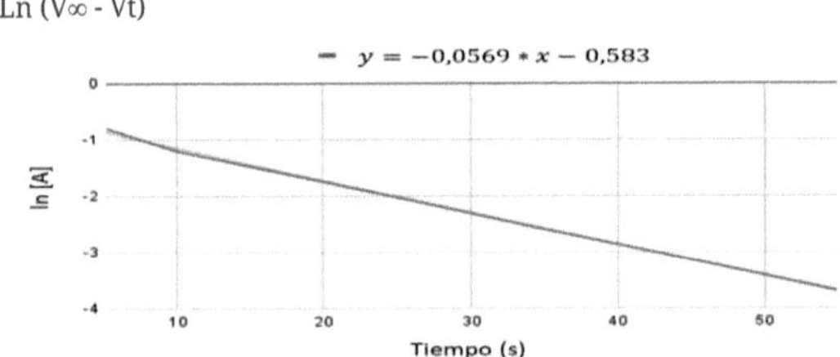

Pendiente = -2.38. 10^{-5}s-1

Como m = - K, se deduce que K = 2.38. 10-5s-1

REACCIONES DE ORDEN DOS

≠

Las reacciones de Orden Dos siguen el esquema general que se describe a continuación: $A + B \rightarrow$ Productos

Pueden ser clasificadas en dos categorías: a) Tipo I, cuando $C_{Ao}= C_{Bo}$, o cuando dos moléculas de un reactivo origina el producto. b) Tipo II, cuando $C_{Ao} \neq C_{Bo}$.

Reacciones de Orden Dos Tipo I

Condición; $C_{Ao}= C_{Bo}$; $A + B \rightarrow$ Productos

La ecuación diferencial que describe el proceso tiene la forma:

$dC_A/dt=K\, C_A^2$ (18)

Integrando la ecuación (18):

$\int -dC_A/C_A^2 = \int K\, dt$

la solución de la integral es:

$1/C_A = Kt+I$ (19)

Para evaluar I, se hace a t = 0 lo que indica $C_A= C_{Ao}$; $I = 1/C_{Ao}$

Sustituyendo en (19), $1/C_A = Kt+ 1/C_{Ao}$ (20)

Representación Gráfica

$1/C_A$ Pendiente = K

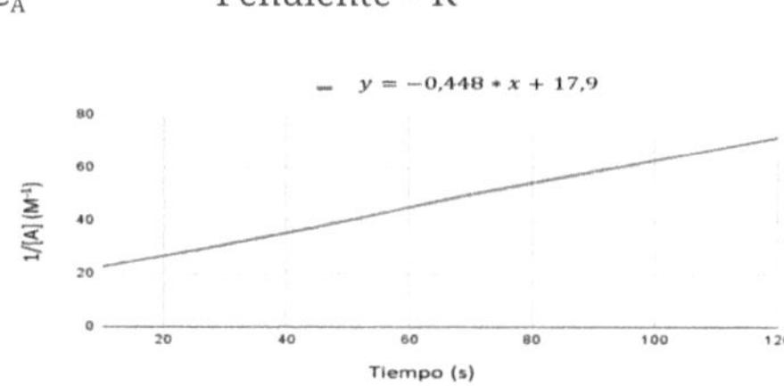

Vida Media para una Reacción de Orden dos Tipo I

Cuando $t = t_{1/2}$; $C_A = ½ C_{Ao}$

$$t_{1/2} = 1/ K C_{Ao} \quad (21)$$

Unidades de K

Las unidades de K son: $L\ mol^{-1}.s^{-1}$

Ejercicio: La hidrólisis de un Éster, tal como el acetato de metilo, puede seguirse espectrofotométricamente, a 204 nm. Los alquil ésteres como los ácidos para físicos muestran un máximo de absorbancia, pero el coeficiente de absortividad del Éster es mayor que la del ácido correspondiente. La hidrólisis de acetato de metilo que se estudia a 295 K, con una celda de 1 cm se obtuvo los siguientes datos:

$t.10^{-2}$ s	6	24	54
A	1.385	1.360	1.290

E_{Es} = Coeficiente de absorción del Éster a 204 nm = 4.67 m2. Mol-1

E_{Ac} = Coeficiente de absorción del ácido a 204 nm = 3.40 m2. Mol-1

C_{Ao} = Concentración inicial del Éster = 0.03 M

[HCL]= 0.15 M.

Hallar la constante de velocidad específica.

Como la concentración del ácido está en exceso debemos convertir la reacción de orden dos en pseudo orden uno y luego se convierte a orden dos.

$A = E_{Es}. C_{Es} + E_{Ac}. C_{Ac} \quad \| \quad C_{Ao} = C_{Es} + C_{Ac}$

$A = C_{Es} (E_{Es} - E_{Ac}) + E_{Ac}. C_{Ao}$

$C_{Es} = A - E_{Ac}. C_{Ao} / (E_{Es} - E_{Ac})$

Como $Kt = \ln(C_{Ao}/C_A)$ # $Kt = \ln(C_{Ao}.) (E_{Es}-E_{Ac})/(A - E_{Ac} C_{Ao})$

Calculando K para varios valores obtenemos:

$K_1 = (1 / 6.\ 10^2) \ln (0.03(4.67-3.40))/(1.385-3.40.0.03) = 6.69.10^{-5}$ s-1 # $K_2 = 4.70.\ 10^{-5}$

s-1; K_3= 6.4010^{-5}s-1

$K_{Promedio}$= 6.10.10^{-5} s-1. Entonces K de orden dos = 6.10x 10^{-5} s-1 / 0.15M= 4.10 10^{-4}M^{-1} s-1

Reacciones de Orden Dos Tipo II

(CAo $\neq$ CBo)

A + B $\rightarrow$ Producto

Esquema cinético:	t=0	CAo	CBo	0
	t=t	CA	CB	Cp

La ecuación diferencial que domina el proceso será:

$-dC_A)/dt=KC_A\ C_B$ (22)

Si $C_{Ao} - C_A = C_{Bo} – C_B$ nos indica que: $C_B = C_{Bo} - (C_{Ao} + C_A)$

$-dC_A/dt=KC_A\ (C_{Bo}-C_{Ao}+ C_A)$ (23)

Por fracciones parciales se obtiene:

$1/(C_A\ (C_{Bo}-(C_{Ao}+C_A))=M/C_A +N/(C_{Bo}-(C_{Ao}+C_A\ ))$

Resolviendo

$M= 1/(C_{Bo}-C_{Ao}\ )$ y $N = - 1 / (C_{Bo}-C_{Ao})$

$-\int dC_A/(C_{Bo}- C_{Ao}\ ) + \int dC_{A}/(C_{Bo}- C_{Ao})\ (C_{Bo}- (C_{Ao}+ C_A)) = K \int dt$ (24)

Resolviendo las integrales y determinando la constante de integración, la ecuación tiene la siguiente expresión:

$$\ln(C_B/C_A\ )= (C_{Bo}- C_{Ao}\ )Kt + \ln(C_{Bo}/C_{Ao}\ ) \quad (25)$$

Representación Gráfica

$\ln(C_B/C_A)$ contra el Tiempo

Pendiente= $(C_{Bo}- C_{Ao}\ )K$
Intercepto= $\ln\ (C_{Bo}/C_{Ao})$

Unidades de K

Las unidades de K son las mismas que para una reacción de orden dos tipos I

Concentración-1. Tiempo-1

Ejercicio: En la hidrólisis del acetato de metilo con hidróxido de sodio, las concentraciones iníciales fueron: 0.60 y 0.45 molar respectivamente. Si la concentración del ácido formado es 0.12 M a un tiempo de 10 min. Calcule la constante específica de velocidad.

Como ($C_{Ao} \neq C_{Bo}$), es una reacción de orden dos tipos II, despejando K de la ecuación (25),

$$K = [1/(t(C_{Bo}-C_{Ao})]\ \ln[(C_{Ao}\, C_B)/(C_{Bo}\, C_A)]$$

$$K = 1/(10.(0.45-0.60)) \times \ln [(0.60.(0.45-0.12))/(0.45.(0.60-0.12))] = 9.67.10^{-4}\ M^{-1}\ s^{-1}$$

Otra ecuación general se puede demostrar para la reacción:

$aA + bB \rightarrow P$; donde Ay B son de primer orden. La ecuación que sigue este proceso es una ecuación general para una reacción de orden dos tipos II. La ecuación es la siguiente:

$$\ln(C_{Bo}/C_{Ao} - \ln [C_B/C_A] = (b\, C_{Ao} - a\, C_{Bo}).K.t \quad (26)$$

Dónde:

$CB = CBo - b.Cp$ y $CA = CAo - a.CP$

Cuestionario # 4

1. Cuál es la condición para que una reacción de orden dos, de la siguiente expresión:

   $$K = [1/(t\ (C_B - C_{Ao})]\ \ln[(C_{Ao}\ .\ C_B)/C_{Bo}\ .\ C_A\ )]$$

2. En una reacción de A + B → Producto, se dice que es de orden dos, si la cantidad de A y B están en forma equimolecular. Cuál será el tiempo de reacción, cuando queda un 40% de B. La constante específica de la reacción vale $2.25.\ 10^{-4}\ M^{-1}.\ S^{-1}$

3. Deduzca una expresión para una reacción de orden dos tipos I, de acuerdo a t= t1/3

4. Diga si la cantidad de producto formado en una reacción orden dos tipo II, varía exponencialmente desde una concentración inicial C_{Ao} y C_{Bo}, hasta cero.

Respuesta al Cuestionario # 4

1. La condición es $C_{Ao} \neq C_{Bo}$

2. Como $C_{Ao}= C_{Bo} \leftrightarrow$ $t=(C_{Ao}-C_A)/(K.\ C_A\ .C_{Ao})=$ (60 M)/(40x100x2.25.10^{-4} M.s^{-1})

   = 66.67 s

3. Para t= t1/3; $C_P= C_{Ao}/3$ y $C_P= C_{Ao}- C_A$

   $t_{1/3}=(C_{Ao}-C_A)/(K.C_A\ .\ C_{Ao})=\ (C_{Ao}/3)/(K2C_{Ao}.C_{Ao}/3)=\ 1/(K2C_{Ao})$

4. $(C_{Ao}\ C_B)/(C_{Bo}\ C_A)=$ e^((C_{Bo}- C_{Ao})Kt) $\leftrightarrow$ $C_B/C_A = C_{Bo}/C_{Ao}$ x e^((C_{Bo}- C_{Ao})Kt)

   Si varía exponencialmente, pero uno de los reactivos al final es diferente de cero.

Modelo de Prueba

1. Deduzca la expresión matemática para una reacción de orden uno en fase gaseosa de acuerdo a la siguiente reacción.

$$A \rightarrow 2B + C$$

2. Cuando una disolución de ácido dibromo succínico es calentado, el ácido se descompone de acuerdo a la siguiente reacción:

   CHBr.COOH   CH. COOH

   CHBr.COOH   →   CBr. COOH   + HBr

   A 50 °C la titulación inicial de un volumen definido de la disolución fue de Vo= 10.1ml, de álcali estandarizado. Después de un tiempo en segundos, la titulación de volúmenes iguales de disolución fue:

t (s)	0	12840	22800
v (ml)	10.10	10.37	10.57

   Determine: a) La constante específica de velocidad. b) A qué tiempo 1/3, del ácido dibromo succínico ha sido descompuesto.

3. La concentración de ambos (Ester y álcali), fue de 0.0508M. Si 10 ml de la mezcla fueron removidos de la vasija de reacción a los tiempos establecidos y pipeteados dentro de un envase que contiene 10 ml de HCL 0.0668M, y el exceso del ácido se tituló con NaOH 0.0211M, los datos que se obtuvieron fueron los siguientes:

t (s)	600	1500	2400	3600	4800	6600
NaOH (ml)	4.03	5.11	5.98	6.86	7.57	8.36

   Determine la constante específica de velocidad

4. Defina: a) Diferencia entre Termodinámica y Cinética.

   b) Vida Media

   c) Orden de una Reacción

Respuesta a la Prueba

1. Pt = PA + PB + PC

   Si llamamos Po a la presión inicial y X al aumento de presión.

   PB = 2X

   PC = X   Pt = Po – X + 2X + X

   PA = Po – X   X = (Pt - Po) / 2; entonces

   PA = (3Po – Pt) / 2; como Po œ C_{Ao} y PA œ C_A

   $\ln(C_{Ao}/C_A) = kt \leftrightarrow \ln(2\,Po/(3\,Po-Pt))$

2. Se supone que es de orden uno

   $K_1 = 1/(12840\ )\ \ln [10.1M/((10.1-0.27)M) = 2.11.10^{-6}\ s^{-1}$

   $K_2 = 1/(22800\ )\ \ln [10.1M/((10.1-0.47)M) = 2.09.\ 10^{-6}\ s^{-1}$

   K promedio = $2.10.\ 10^{-6}s^{-1}$

   $t = [\ 1/(2.10.\ 10^{-6}s^{-1})\ ]\ \ln(1/(2/3)) = 193079s$

3. Si el acetato de metilo se hidroliza según la reacción:

   $$CH_3COOCH_3 + OH^- \rightarrow CH_3COOH + CH_3OH$$

   Cada volumen de titulado debe ser el exceso de ácido clorhídrico más el ácido acético formado: para t (600s) se agregó 10 ml de álcali igual a 0.508 meq; también se adicionan 10 ml de ácido mineral igual a 0.668meq.

   Ácido mineral sobrante en todos los casos= 0.668-0.508= 0.160meq

   La cantidad de acidez titulada con el NaOH, para un caso de la tabla = 4.03x0.0511=0.205933meq, esto corresponde a la acidez total, la cantidad de ácido acético formado será= 0.205933-0.160= 0.045933meq

   $kt = C_P/(C_{Ao}.C_A\ ) \leftrightarrow k = \ C_P/(t.C_{Ao}.C_A\ ) = \ 0.045933mE/(0.508(0.508-0.045933).600s.meq^{-2} = 3.26.\ 10^{-4}\ meq^{-1}\ s^{-1}$

   Así se calculan las demás constantes de velocidad y luego se saca el promedio.

4. a) La termodinámica estudia solamente los estados iníciales y finales de un sistema, la cinética el camino recorrido entre esos estados.

b) El orden de una reacción será, la suma de los exponentes que aparecen en la ecuación diferencial de la reacción.

c) Se define como el tiempo transcurrido para que reaccione exactamente la mitad del reactivo.

Reacciones de Orden Tres

Esta cinética presenta tres tipos de reacciones de la forma:

Reacciones de orden tres Tipo I

$$3A \rightarrow P$$

$$A + B + C \rightarrow P; \text{ Para } CAo = CBo = CCo$$

La ecuación diferencial resultante será:

$$-1/3 \ dC_A/dt = k \ C_A^3 \quad (27)$$

$$-\int dC_A/3C_A = \int K \ dt \ ; \text{ donde } 3k = K \ (28)$$

El resultado de resolver la integral

$$1/(2C_A^2) = Kt + I \quad (29)$$

Para evaluar la constante de Integración se hace para t= 0; $C_A = C_{Ao}$

Resulta que I= $1/(2C_{Ao}^2)$

$$1/(C_A^2) = 2 \ Kt + 1/C_{Ao}^2 \quad (30)$$

Representación Gráfica

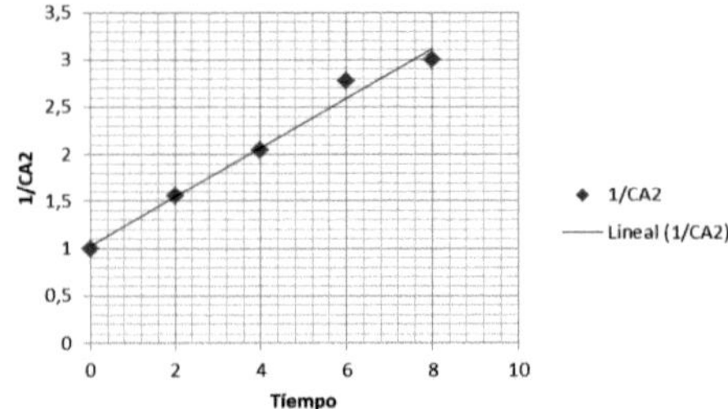

La ecuación (29) transformada para el cálculo de k por el uso de la forma matemática.

$$(C_{Ao}^{2}- C_{A}^{2})/(C_{Ao}^{2}.\ C_{A}^{2})=2Kt \quad (31)$$

Unidades de k: $Conc^{-2}.\ Tiempo^{-1}$

Vida Media

La vida media para esta reacción se le asigna $t = t_{1/2}$; $C_A = C_{Ao}/2$

Introduciendo estos valores en la ecuación (30), resultará:

$$t_{1/2}= 3/2K.C_{Ao}^{2} \quad (32)$$

Ejemplo: Una reacción sigue una cinética del tipo uno de la forma $A + B + C \rightarrow P$, siendo la concentración de A igual a 0,37 M. En 13 min la reacción ha ocurrido en un 20%. Determine a) la constante cinética de la reacción b) la vida media.

Se utiliza la ecuación (30), para el cálculo de k.

$(C_{Ao}^{2}- C_{A}^{2})/(C_{Ao}^{2}.\ C_{A}^{2}.\ t.\ 2)=k$; $K = (0,37)^2-(0,296)^2/((0,37)^2.\ (0,296)^2.2.\ 13)=0,316\ M^{-2}.\ min^{-1}$; $t\_(1/2)= 3/2k.C_{Ao}^{2}$; $t_{1/2}= 3/(2x0,316.0,37^{2}) = 0,65\ min$

Reacciones de Orden Tres Tipo II

Para este tipo de reacción la condición es que: $C_{Ao} \neq C_{Bo} \neq C_{Co}$

El esquema será: $A + B + C \rightarrow P$

Su ecuación diferencial resultante la podemos expresar de la forma siguiente:

$$-dC_A/dt=k\ C_A\ .\ C_B\ .\ C_C \quad (33)$$

Pero

$$C_{Ao}- C_P = C_A \qquad C_P = C_{Ao}- C_A$$

$$C_{Bo}- C_P = C_B \qquad C_P = C_{Bo}- C_B$$

$$C_{Co}- C_P = C_C \qquad C_P = C_{Co}- C_C$$

$$C_{Ao}- C_A = C_{Bo}- C_B \qquad C_B = C_{Bo}- C_{Ao}+ C_A$$

De igual forma

$$C_C = C_{Co}- C_{Ao}+ C_A$$

Sustituimos en la ecuación (32)

$$-dC_A/dt=k\, C_A\, [C_{Bo}-C_{Ao}+C_A]\,[C_{Co}-C_{Ao}+C_A] \quad (34)$$

$$\int -\, d\, C_A/(C_A\; [C_{Bo}-C_{Ao}+C_A]\; [C_{Co}-C_{Ao}+C_A]) = \int K\, dt \qquad (35)$$

Resolviendo por fracciones parciales las integrales, el resultado de la integración será:

$$(C_{Bo}-C_{Co}))\, Ln\;\; C_{Ao}/C_A + (C_{Co}-C_{Ao})\, Ln\;\; C_{Bo}/C_B\; + (C_{Ao}-C_{Bo})\, Ln\;\; C_{Co}/C_C\;\; =(C_{Bo}-C_{Co})(C_{Co}-C_{Ao})(C_{Bo}-C_{Ao})kt \quad (36)$$

Las unidades de k para este tipo es el mismo para una reacción de orden tres tipos I; o sea $Conc^{-2}$. $tiempo^{-1}$

Reacciones de orden tres del tipo III

La condición es: $C_{Ao}=C_{Bo}$ pero $C_{Ao}\neq C_{Co}$

La ecuación diferencial es:

$$-dC_A/dt=k\, C_A^2 .C_C \quad (37)$$

$C_P = C_{Ao}-C_A$ $\qquad$ $C_{Ao}-C_A=C_{Co}-C_C$

$C_P = C_{Co}-C_C$ $\qquad$ $C_C = C_{Co}-C_{Ao}+C_A$ $\qquad$ Sustituimos en la ecuación (37).

$$-dC_A/dt=k\, C_A^2\; (C_{Co}-C_{Ao}+C_A) \qquad (38)$$

$$-\int d\, C_A)/(C_A^2\, (C_{Co}-C_{Ao}+C_A) = \int K\, dt \quad (39)$$

Resolviendo por fracciones parciales, se tiene la ecuación resultante de la forma:

$$1/C_A - 1/C_{Ao}\; +[\, 1/(C_{Co}-C_{Ao})]\, Ln\, [(C_A\, .\, C_{Co})/(C_C.C_{Ao} = (C_{Co}-C_{Ao})kt \quad (40)$$

Las unidades de k, al igual que las del Tipo I y II, son las mismas.

$Conc^{-2}$. $Tiempo^{-1}$

Cuestionario # 5

1. Si la cinética de una reacción es A + B + C → P; donde la concentración de C, es muy grande. ¿la cinética se puede tratar como una reacción de orden dos?

2. La vida media para la reacción 3A → P; es de 25 min, con un valor de su constante cinética de 3,2 x 10-2 M-2. Min-1. Determine cuál será la concentración del reactivo al cabo de 10 min.

3. Explique porque las reacciones de orden tres son tratadas como órdenes inferiores.

4. La dimerización del Butadieno en Fase gaseosa a 326° fue llevada a cabo por Vaughn (1932), haciendo ensayos para determinar si la cinética de la reacción era de orden uno o dos. Los datos obtenidos fueron los siguientes:

t(min)	0	3.25	8.02	14.30	24.55	42.50	90.05	∞
Pt(torr)	632	618.5	599.4	576.1	546.8	509.3	453.3	316

Determine la constante de velocidad. $2C_4H_6\ (g) \rightarrow C_8H_{12}$

Respuesta al Cuestionario # 5

1. Si $C_{Co} \gg C_{Ao}$ y $C_{Ao}= C_{Bo}$

   $- dC_A/dt=k\, C_A^2 .\, C_{Co}$ Pero $k.\, C_{Co} = k!$

   $- dC_A/dt=k! .\, C_A^2$ Se reduce a una cinética de orden dos Tipo I.

2. $t_{1/2}= 3/2K.C_{Ao}^2$; $K = 3/2C_{Ao}^2.\, t_{1/2}$

   $C_{Ao}^2 =3/2K.\, t_{1/2} =3/2x3,2 .10^{-2}x\ 25= 1,875$; $C_{Ao}= \sqrt{1,875} =1,37$

   $1/C_A^2= 2Kt + 1/ C_{Ao}^2 =2x3,2.10^{-2}x\ 10 + 1/ 1,37 =1,37$; $C_A = \sqrt{\frac{1}{1,37}} =0,85$ M

3. Es muy común que las reacciones de orden tres sean tratadas como orden inferior, debido a que su cinética es un poco complicada, y la mejor forma es hacer que los reactivos estén en concentraciones grandes y tratarlas como de pseudo orden.
4. Se construye una tabla de la forma siguiente:

t(min)	3.25	8.02	14.30	24.35	42.50	90.05
α	0.96	0.90	0.82	0.73	0.61	0.43
Ln α-1	0.041	0.105	0.198	0.315	0.494	0.844
1 /α	1.042	1.111	1.220	1.370	1.639	2.326

Cuando se correlaciona el tiempo con el Ln α-1, el valor de $r^2 = 0.9914$, ahora bien, la correlación del tiempo con 1 /α da un valor de 0.9998, lo que indica que la reacción se ajusta más a una cinética de orden dos. El valor de la pendiente ajustada por regresión es 0.018 K = 0.018/632 = 2.34. 10-5 (Torr. Min)-1

REACCIONES PSEUDO-ORDEN

Suponga que una reacción es de segundo orden:

$$v = -dC_A/dt = K\,C_A\,C_B$$

Suponga adicionalmente que la concentración de B se mantiene esencialmente constante durante el periodo de observación del experimento, por lo que la ecuación de velocidad se puede escribir:

$$v = -\frac{d[A]}{dt} = k_{obs}[A]$$

en donde

$$k_{obs} = kC_B \qquad (41)$$

En este caso se dice que la reacción de segundo orden se ha transformado en una de pseudo-primer orden. La constante k_{obs} es una constante de velocidad de pseudo-primer orden, a la que en ocasiones se le simboliza como k_{ap} (constante de velocidad aparente de primer orden). Si las concentraciones de todos los reactivos permanecen esencialmente constantes, se genera una reacción de pseudo-cero orden.

Esta capacidad de reducir el orden de reacción manteniendo una o más concentraciones constantes es una herramienta experimental muy valiosa, que permite a menudo la simplificación de la cinética de la reacción. Es aún posible transformar una ecuación de velocidad complicada en una simple.

Existen varias formas de lograr esencialmente la constancia de la concentración del o los reactivos. Si tomamos como ejemplo la ecuación (23) y fijamos las condiciones de forma que la concentración de B sea mucho mayor que la de A, es decir $C_B >>> C_A$ entonces mientras la concentración de A cambia de C_{A0} a $C_A = 0$, C_B permanece esencialmente constante en un valor igual a C_{B0}. Por ejemplo, si $[B]_0 = 100\,[A]_0$, [B] disminuirá solamente 1% cuando la reacción haya terminado. Este cambio no es significativo para los métodos analíticos ordinarios.

Un segundo método para lograr constancia de un reactivo consiste en utilizar un sistema tampón o buffer, lo que por ejemplo puede mantener el pH constante.

Otro ejemplo es proporcionado por la reacción de disolución de primer orden de una sustancia en presencia de su fase sólida. Si la velocidad de disolución es mayor que la velocidad de reacción del soluto disuelto, la concentración del soluto permanece constante debido al equilibrio de solubilidad y la reacción de primer orden se convierte en una de pseudo-cero orden.

Si el disolvente es un reactivo, éste se encuentra en gran exceso y no se observará su participación cinética. De esta forma, una reacción bimolecular de hidrólisis generalmente sigue una cinética de primer orden. Peligro de trabajar bajo condiciones de pseudo-orden: alta concentración de una impureza que pueda ser reactiva y que esté contenida en el reactivo en exceso.

CAPÍTULO 3

Interpretación de los datos Cinéticos para las Reacciones Sencillas

Cuando se estudia una reacción cinética, hay que determinar la variación de la velocidad con las concentraciones de los reactivos involucrados en la reacción. Como la variación de una reacción sencilla de la forma aA + ... →Producto, es proporcional a la concentración A elevado a la a, la reacción será de orden entero si es sencilla. Pero si es compleja, puede, no obstante, ser aproximadamente a un orden fraccional.

Determinación del Orden por el Método Correlación usando el Coeficiente de Confirmación: Se correlacionan los datos cinéticos para reacciones de orden cero, uno y dos, para obtener el coeficiente de confirmación r2, y el que se acerque más a uno es el orden de reacción buscada (Observe el problema de la isomerización del Butadieno Pág 37).

Determinación del Orden a partir de la Ley de Velocidad

Sea la reacción : $nA \rightarrow P$

$$(-1/n)\ dC_A/dt = k\ C_A^n \quad (42)$$

Pero $-dC_A/dt = V_A$ y $nk=K$

$$V_A = K\ C_A^n \quad (43)$$

Tomando logaritmo en ambos lados de la ecuación (41), se obtiene

$$\log V_A = \log K + n \log C_A \quad (44)$$ Ecuación de Van!t Hoff

Ejemplo: La velocidad de descomposición de cierta cantidad de acetaldehído fue de 7,49 mm.min-1, cuando había reaccionado un 5% y 5,15 mm.min-1 cuando había reaccionado en un 20 %. Calcular el orden de la reacción.

$\log 7{,}49 = \log K + n \log 95$

$\log 5{,}14 = \log K + n \log 80$

$n = (\log 7{,}49 - \log 5{,}14)/(\log 95 - \log 80) = 2{,}19$ la reacción es de orden dos

Interpretación del orden a partir de las Ecuaciones Finitas

Integrado la ecuación (40), se obtiene

$$1/(n-1)\ (1/(C_A^{n-1}) - 1/(C_{Ao}^{n-1})) = Kt \quad (44) \quad \text{para} \quad n \neq 1$$

$$\ln(C_{Ao}/C_A) = kt \ (45) \quad \text{si } n = 1$$

Si definimos la concentración relativa como α, que es un parámetro del tiempo.

$\alpha = C_A/C_{Ao}$ (46)

$\Phi = k.C_{Ao}^{n-1}.t$ (47)

La ecuación (44) toma la forma

$\alpha^{n-1} - 1 = (n-1).\Phi$ (48) y la ecuación (44) se expresa

$$\ln\alpha = -\Phi \quad (49)$$

Para determinar el orden de una reacción, se gráfica los valores de α, en función del logt. Luego a la misma escala y en una hoja diferente se representa de nuevo en función del log Φ , los α dados en las ecuaciones (47) y (48) para valores de n, que dan la misma forma de curva. Ahora bien,

$$\log\Phi = \log t + \log(k.C_{Ao}^{n-1}) \quad (50)$$

La curva experimental deberá corresponderse con unas de las curvas teóricas, excepto una traslación paralela al eje log Φ, si la reacción es de orden definido. Este método se conoce como el ábaco de Powell.

Para hacer las familias de curvas genéricas, se requiere paciencia y tiempo. Pero luego de haberlas construido, el método se hace fácil y placentero al usarse. En la tabla (1), tomada de Levine (1996), se dan los datos necesarios para construir las gráficas.

Tabla 1.

VALORES DE $LOG_{10}\phi$ PARA LAS CURVAS GENERICAS DE LA REPRESENTACION DE POWELL

n \ α	0,9	0,8	0,7	0,6	0,5	0,4	0,3	0,2	0,1
0	−1,000	−0,699	−0,523	−0,398	−0,301	−0,222	−0,155	−0,097	−0,046
$\frac{1}{2}$	−0,989	−0,675	−0,486	−0,346	−0,232	−0,134	−0,044	0,044	0,136
1	−0,977	−0,651	−0,448	−0,292	−0,159	−0,038	0,081	0,207	0,362
$\frac{2}{3}$	−0,966	−0,627	−0,408	−0,235	−0,082	0,065	0,218	0,393	0,636
2	−0,954	−0,602	−0,368	−0,176	0,000	0,176	0,368	0,602	0,954
3	−0,931	−0,551	−0,284	−0,051	0,176	0,419	0,704	1,079	

El resultado de la Graficación de la figura (1), Levine (1981). Para aplicar el método de Powell.

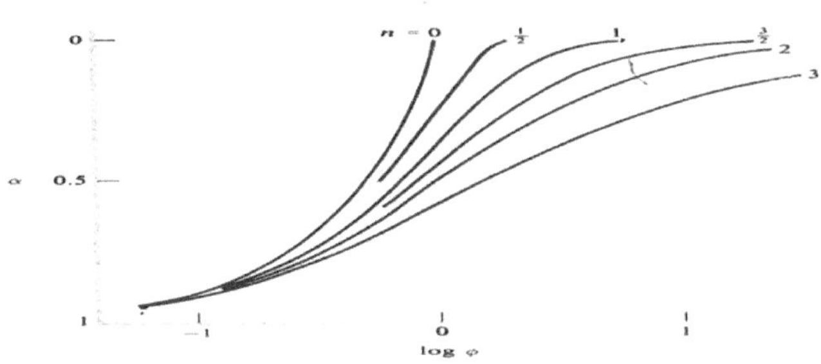

FIGURA 3. Ábaco de Powell. Levine (1980).

Ejemplo: Demuestre el valor de − 0,346 de la tabla (1), para n= ½ y α=0,6, utilizando la ecuación (47).

$\alpha^{n-1} - 1=(n-1).\Phi$

$0,6^{1-0,5} - 1 = (1/2 - 1)\ \Phi$ $\Phi= (-0,2254)/(- 1/2)=0,4508$; $\log \Phi= -0,346$

Método de la Vida Fraccionada

En este método se emplean medidas de vidas fraccionadas, como por ejemplo la vida media o cualquier otra vida fraccionada de reacción. La ecuación que se va a derivar es válida para todo tipo de vida, pero no para n=1. Esta se define como el tiempo necesario para que una fracción del reactivo se reduzca en αC_{Ao}.

Si llamamos $t=t_f$ (Vida Fraccionada), y $f=C_p/C_{Ao}$; Entonces lo que queda del reactivo será: $f = 1 - \alpha$

$C_A = (1-f).C_{Ao}$ y $(1-\alpha)=C_P$=cantidad de reactivo formado

Aplicando la ecuación (44), se obtiene.

$$1/[(1-f)(C_{Ao})]^{n-1} - 1/(C_{Ao})^{n-1} = (n-1).K.t_f \quad \text{para } n \neq 1 \qquad (51)$$

$$(1-f)^{1-n} - 1 = (n-1).K.\ C_{Ao}^{n-1}.\ t_f \qquad (52)$$

$$t_f = (\ulcorner(1-f)^{1-n} - 1)/((n-1).K.C_{Ao}^{n-1} \qquad (53)$$

Ejemplo: Si probamos para $t_f = t_{1/2}$ y n = 0, la ecuación (53) quedará de la siguiente forma:

$$t_{1/2} = ((1/2)\urcorner^{1-0} - 1)/(0-1).(K.C_{Ao}^{0-1})\ ) = C_{Ao}/2k$$

Precisamente la ecuación de vida media demostrada cuando se estudió la cinética de orden cero.

Ahora bien, si llamamos $(\ulcorner(1-f)^{1-n} - 1)/((n-1).K$ a una función $F(n,k,f) = t_f\, C_{Ao}^{n-1}$ (54)

$$\log t_f = \log F + (1-n).\ \log C_{Ao} \qquad (55)$$

Si hacemos una gráfica de $\log t_f$ contra $\log C_{Ao}$, la pendiente será $(1-n)$ y así se determinará el orden.

Representación Gráfica

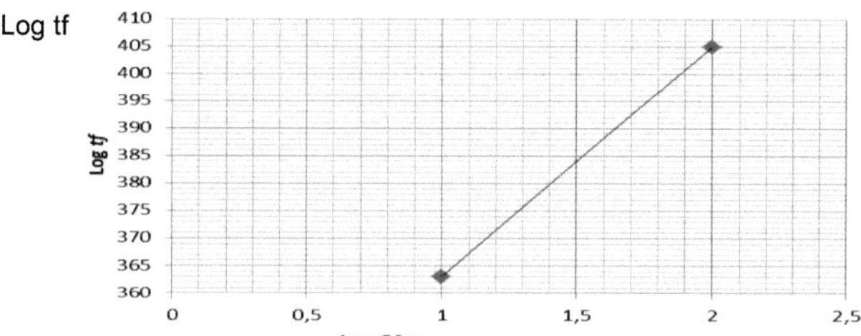

Ejemplo: A 518 °C, la vida media del acetaldehído fue de 405 seg, cuando la presión inicial era de 363 mm, y 880 seg a la presión de 169 mm. Determine el orden de la reacción.

De la ecuación (53), obtenemos un sistema de ecuaciones de la forma:

log510= log F+ (1-n). log 363

log880= log F+ (1-n). log 169

Si restamos ambas ecuaciones nos queda:

log880- log510= (1-n)(log 169- log 363)

Donde resulta que $n=2$.

Método de Wilkinson

Un método ideado por Wilkinson (citado en Frost y Pearson 1961 p 47), tiene una ventaja sobre los otros métodos para determinar el orden de una reacción sencilla.

La ecuación (52) se puede transformar mediante el uso de la fracción convertida ρ y $\rho + \alpha = 1$,

entonces $\alpha = 1 - \rho$; sustituyendo en (52) queda:

$$(1-\rho)^{1-n})=1+ (n-1)\, K!\ \ t \quad (56),$$

donde $K! = k.C_{Ao}^{\,n-1}$.

Si $(1-\rho)^{1-n}$ se expande por el teorema binomial y los términos más altos como el del segundo grado en ρ se descartan, la ecuación se puede escribir de la forma siguiente:

$$t/\rho=1/K! + nt/2 \quad (57)$$

Una gráfica de t/ρ contra t, la pendiente será n/2 y el intercepto será 1/K!

Reacciones donde el Reactivo aumenta su Concentración

Hay muchas reacciones donde la disminución de la concentración no existe si no lo que hacen es aumentarlas a medida que transcurre el tiempo, como es el caso de las bacterias.

Si la cinética es de orden cero, se debe tratar las ecuaciones de velocidad con signo positivo, porque es un aumento de la concentración de la forma siguiente:

	A	→	P
t=0	C_{Ao}		0
t=t	$C_A= C_{Ao}+C_P$		C_P

la ley de velocidad será: dC_A)/dt=k, resolviendo nos queda $C_A=Kt+C_{Ao}$;

Se grafica C_A contra el tiempo; la pendiente de esta ley es igual a K. Ahora bien, si la reacción es de orden uno se trata de la siguiente forma:

La ley de velocidad será: dC_A)/dt=kC_A, al resolver la ecuación diferencial queda

$$\ln C_A=Kt+C_{Ao}$$

La Graficación de LnC_A contra el tiempo; la pendiente daría el valor de K. Igualmente, si consideramos que es una reacción de orden dos tipo I, la ley de velocidad queda expresada así dC_A /dt=k C_A^2, resolviendo la ecuación diferencial se obtiene: $1/C_A =-Kt+1/C_{Ao}$

La pendiente es igual a –K.

Si queremos determinar el orden, aplicamos el método de regresión lineal y determinamos el coeficiente de confirmación R^2.

Cuestionario # 6

1. Determine el valor de α, si el valor de Log Φ=0,176 para un orden igual a dos.

2. Si la descomposición de orden 1/2, inicialmente presente a 3 atm, se completa en 48 min 30 seg, la mitad de la reacción. ¿Cuál es el valor de la constante de velocidad?

3. Un investigador siguió la descomposición:

$$CH_3CHO \rightarrow CH_4 + CO$$

   Mediante un manómetro. Encontró que la presión parcial del acetaldehído variaba como sigue:

t (seg)	0	42	105	242	480	840
P (mm)	363	329	289	229	169	119

   Obtener el orden por el método de Van't Hoff.

4. Determine la relación de los de tiempos para: a) t/2 ÷ t3/4 n= 0 b) (t3/4+ t1/4) ÷t/2 n= 1

5. Calcule k y el orden por el método de Wilkinson el problema de la dimerización del

   butadieno de la página 28

6. Si se ponen 100 bacterias en un matraz de 1 L, con el medio de cultivo apropiado, a una

   temperatura de 40 ªC, encontrará: a) Prediga el número de bacterias que habrá a los 150 min. b) ¿Cuál es el orden de la cinética del proceso?, c) ¿Cuál es el tiempo en que se ha duplicado la población?, d) ¿En cuánto tiempo se habrá incrementado la población hasta 106 bacterias? e) ¿Cuál es el valor de k?

Tiempo, min	0	30	60	90	120
bacterias	100	200	400	800	1600

Respuesta al Cuestionario # 6

1. De acuerdo a la ecuación

$$\alpha^{1-n} - 1=(n-1).\Phi$$

$$\Phi=\text{anti log } 0{,}176=1{,}4997$$

$$\alpha^{1-2} - 1=(2-1).1{,}4997$$

$$\alpha^{-1}=1{,}4997+1$$

$$\alpha=0{,}40$$

2. Haciendo uso de la ecuación (53), donde α = ½ y n = ½

$$t_f= (\Gamma(1-f)^{1-n} -1)/((n-1).K.C_{Ao}^{n-1}$$

$$t_{1/2}= (\Gamma(1-0{,}5)^{1-1/2} -1)/((1/2-1).K.C_{Ao}^{n-1}$$

$$k= (0{,}586.\sqrt{3})/48{,}5 = 0{,}209 \text{ atm}^{1/2}.\text{ Min-1}$$

3. Se debe hacer un gráfico de Presión contra el Tiempo y determinar las pendientes en cada punto de las presiones esto dará la velocidad. Luego los logaritmos de estas velocidades encontradas se grafican en función de los logaritmos de las presiones y la pendiente de la recta determinará el orden de la reacción igual a 1,89.
4. a) $(C_{Ao}/2k)/(3C_{Ao}/4k)=2/3$ b) (Ln(4/1)/k+ (Ln4/3)/k)÷Ln2/k=2.42
5.

t(min)	3.25	8.02	14.30	24.35	42.50	90.05
ρ	0.06	0.10	0,18	0.27	0.39	0.57
t/ρ	54,17	80.20	79.44	90.19	108.97	157.98

Pendiente =0.9644= n/2 ; n = 1.9288≅ 2 y 1/K=69,47 ; K=0.0144; k=K/Po =0.0144/632 k= 2.28.10-5 (torr.min)-1

6. a) 3200 bact b) orden uno c) 30 min d) 398.63 min e) 0.0231min-1

CAPÍTULO 4

Dependencia de las Constantes de Velocidad de las Reacciones Sencillas con la Temperatura

Las constantes cinéticas, tienen una dependencia con el factor temperatura. De esta forma, ha surgido una forma empírica que establece el principio siguiente: Por cada aumento en 10°, la constante de velocidad se duplica.

$$k_{t+10}/kt=2 \quad (58)$$

Experimentalmente se observa, que para muchas reacciones químicas surgen un comportamiento con la ley de Arrhenius (1800), donde:

$$k=Ae^{-Ea/RT} \quad (59)$$

En la ecuación (56), la constante A, se denomina factor de frecuencia o factor pre exponencial de Arrhenius, Y Ea es la energía de activación de la reacción. Las unidades del factor de frecuencia son idénticas a las unidades de k y de acuerdo a esta teoría este parámetro es independiente de la temperatura.

La energía de activación se define como la cantidad de energía necesaria para que una reacción pase al estado activado y luego se transforme en producto. Su unidad es energía.mol^{-1}.

Tomando logaritmo natural a la ecuación (59), se obtiene:

$$\ln k= \ln A \; - \; Ea/RT \quad (60)$$

Sí se construye una gráfica de Ln k en función de 1/T, dará una línea recta con pendiente - Ea/R y ordenada en el origen igual a LnA.

Representación Gráfica

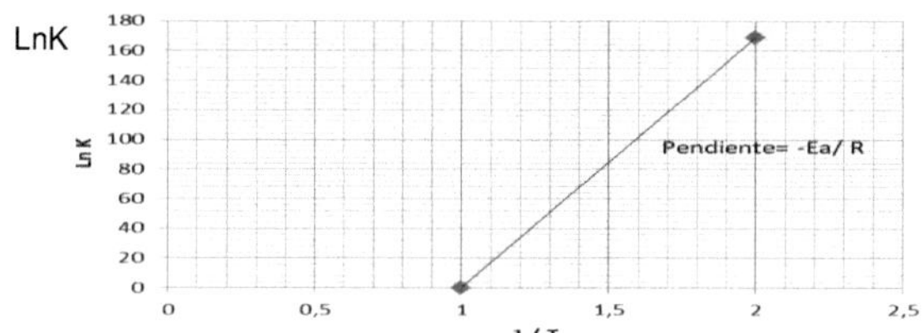

Otra forma de gráfica, es T Ln k en función de T, la pendiente será Ln A y el punto de corte en la ordenada es igual a –Ea / R.

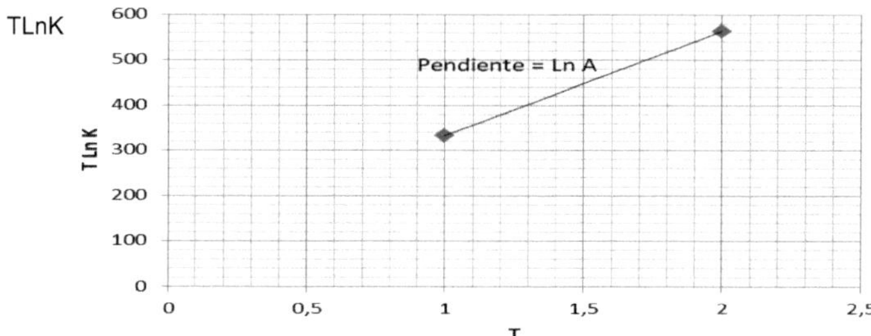

Ejemplo: La hidrólisis catalizadas por ácidos de una cierta reacción, se observa la dependencia de k con la temperatura, la cual se ilustra en la tabla siguiente:

t (°C)	22,2	27,2	33,7	38
k $s^{-2}.10^4$	7	9,8	16	20

¿Cuál es el valor de la energía de activación y el factor de frecuencia?

Ln k	-7,76	-6,92	-6,43	-6,21
1/T. 10^3	3,39	3,33	3,26	3,22

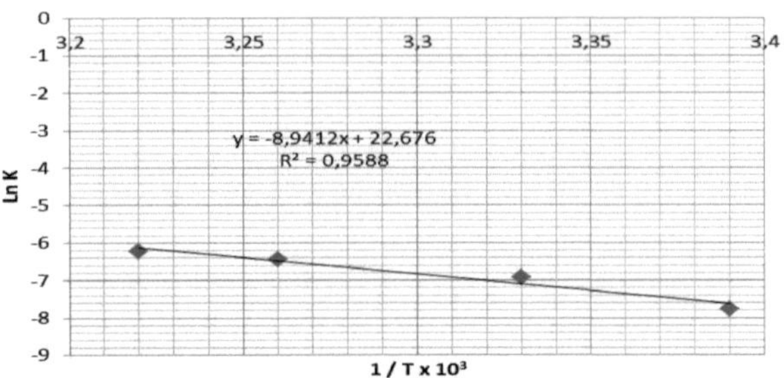

La pendiente = - 8941,2,3K

- 8941,9K = -Ea/R

$$Ea = 8941{,}2Kx8{,}314.10^{-3}\ Kj\ mol^{-1}K^{-1} = 74{,}34\ Kj\ mol^{-1}$$

Ordenada Ln A = 22,676

$$A = antLn\ 22{,}676 = 7{,}05\ 10^{6}\ s^{-1}$$

La Energía de activación de Arrhenius, se puede entender como la energía necesaria para que la reacción ocurra.

En la figura (2), se construye una coordenada de reacción, para visualizar esta energía. La dependencia exponencial de la energía de activación procede de la estadística de Boltzmann, donde e^(-Ea/RT) representa la fracción de moléculas con suficiente energía para sufrir la reacción.

Figura 3. Dependencia Exponencial de la Energía de Activación

Ahora bien, existen muchos gráficos de reacción que no tienen una dependencia lineal cuando se representa Ln k en función de 1/T. Las modernas teorías predicen un comportamiento ajustado a la ecuación $k=aT^{m} e^{-E!/RT}$ (58).

¡Donde a y E!, son cantidades independientes de la temperatura y, m puede adoptar valores de 1, 1/2, -1/2, dependiendo de los detalles de la teoría usada para predecir la constante de velocidad. Pero como estamos hablando de reacciones sencillas, el valor de m debe ser la unidad, todas las reacciones se ajustan a la teoría de Arrhenius con esta suposición.

Relación de Van' t Hoff

Si una determinada reacción se realiza a una T1, obteniéndose una k1. Luego la misma reacción se realiza a otra temperatura T2, obteniéndose k2, de allí que:

T1 → k1

T2 → k2

Para T2 ≫ T1

Aplicando la ecuación (60), en ambos casos, obtenemos:

$$\ln k_1 = \ln A - Ea/ RT_1 \quad (61)$$

$$\ln k_2 = \ln A - Ea/ RT_2 \quad (62)$$

Si restamos a la (61) la (62), se obtiene

$$\ln(K_2 / K_1) = Ea\ (T_2 - T_1) / R \cdot T_1 \cdot T_2 \quad (63)$$

A esta ecuación se le denomina la relación de Van' t Hoff.

Ejemplo: Una determinada reacción sigue una cinética de orden uno, con una constante de velocidad igual a 9,8.10-4 s-1 a 300 K. La misma reacción a 311K tiene un valor de la constante de 2.10-3s-1. Determine la energía de activación.

Aplicando la ecuación (63)

$\ln (2.10^{-3} / 9{,}8.10^{-4})= Ea\ (311 - 300) / 8{,}314.10^{-3} . 311. 300$

Despejando Ea nos queda

$$0{,}7133 = Ea.\ 0{,}0142\ Kj^{-1}.mol$$

$$Ea = 50{,}23\ Kj.mol^{-1}$$

Cuestionario # 7

1. La constante de velocidad de la reacción del hidrógeno con el Yodo es $2{,}45.10^{-4}$ $M^{-1}s^{-1}$ a 302 °C y 0,95 $M^{-1}s^{-1}$ a 508 °C. Calcular a) la energía de activación de Arrhenius y el factor pre exponencial. b) ¿Cuál es el valor de la constante a 400 °C?

2. A 552,3 K, la constante de velocidad para la reacción térmica del SO_2CL es $1{,}02.10^{-6}$s-1. Si la energía de activación es 210 Kj.mol-1. Calcule el valor del factor pre exponencial de Arrhenius y la constante de velocidad a 600 K.

3. Una regla antigua estándar para las reacciones activadas térmicamente, es que la velocidad de reacción se duplica por cada aumento de 10°. ¿Es este enunciado realmente independiente de la energía de activación?

Respuesta al Cuestionario # 7

1. Aplicando la ecuación (63)

   a) $\ln(K_2 / K_1) = Ea\ (T_2 - T_1) / R \cdot T_1 \cdot T_2$

   $T1 = 302 + 273 = 575K$

   $T2 = 508 + 273 = 781K$

   $Ln\ 0{,}95 - Ln\ 2{,}45.10^{-4} = Ea\ (781 - 575) / 8{,}314.10^{-3}.\ 781.\ 575$

   $Ea = 150\ Kj.mol^{-1}$

   $A = 2{,}45.10^{-4}\ e^{150 / 8{,}314.10\text{-}3\ .\ 575} = 1{,}04.\ 10^{10}$

   b) $k = 1{,}04.\ 10^{10}\ .\ e^{-150 / 8{,}314.\ 10\text{-}3\ .\ 673} = 2{,}38\ .\ 10^{-2}\ M^{-1}s^{-1}$

2. $k = A.\ e^{-Ea / RT}$

   $A = k.\ e^{Ea / RT} = 1,\ 02.10^{-6}.\ e^{210 / 8{,}314.\ 10\text{-}3\ .\ 552{,}3} = 7{,}2\ .\ 10^{13}\ s^{-1}$

   $K = 7{,}2.10^{13}\ e^{-\ 210 / 8{,}314.\ 10\text{-}3.\ 600} = 3{,}75\ .\ 10^{-5}\ s^{-1}$

3. Según Arrhenius la energía de activación es independiente de la temperatura.

Teoría del Complejo Activado

La teoría del complejo activado o llamada teoría del estado de transición, proporciona una descripción teórica de las velocidades de reacción. Esta la podemos señalar mediante una reacción bimolecular de la forma:

$$A + B \rightarrow AB\# \rightarrow P$$

Esta teoría fue desarrollada por Henry Eyring (1930), de esta forma se ilustra las coordenadas de reacción en el proceso donde A y B reaccionan.

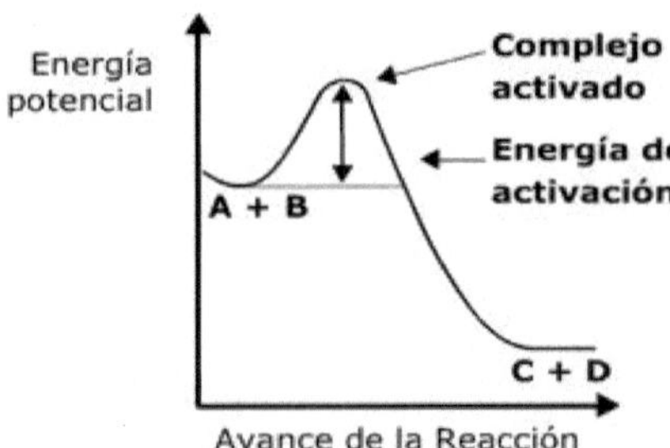

Figura 4. Teoría del Complejo Activado.

La suposición que asume esta teoría, es que existe un equilibrio entre los reactivos y el estado de transición de la forma:

$$A + B \rightarrow AB\Psi$$

$$AB\Psi \rightarrow P$$

Así que tenemos: $K\Psi = (C_{AB\Psi})/(C_A.C_B)$ (64)

La constante de equilibrio está relacionada para las reacciones sencillas de la forma:

$$k_2 = (k_B.T)/(h.\ C^{n-1})\ .\ K\Psi \quad (65)$$

Donde k_B y h, son las constantes de Boltzmann y la de Planck y C está referida a la concentración 1M.

De acuerdo a la termodinámica,

$$\Delta G\Psi = - R.T \, Ln \, K\Psi \quad (66)$$

$\Delta G\Psi$ se puede relacionar con los cambios energéticos de entropía y entalpía usando la relación termodinámica:

$$\Delta G\Psi = \Delta H\Psi - T \, \Delta S\Psi \quad (67)$$

Pero $K\Psi = e^{-\Delta G\Psi / RT}$ (69)

Así que, $K_2 = (k_B.T)/h \; . \; e^{\Delta S\Psi / R} \; . \; e^{-\Delta H\Psi / RT}$ (70)

A esta ecuación (70), se le denomina relación de Eyring por su aporte resaltante de la teoría del estado de transición.

La ecuación de Arrhenius tiene la forma diferencial así:

$$Ea = RT^2 \, dLnk/dT \quad (71)$$

Sustituyendo en k la expresión de k2 en la (65)

$$Ea = RT^2 \, (dk_B.T.K\Psi))/dT = RT + RT^2 \, (dLnK\Psi /dT) \; (72)$$

De la termodinámica se usa la relación de Van' t Hoff,

$$d \, LinK\Psi /dT = \Delta \, U\Psi/RT^2 \; (73)$$

$$Ea = RT + \Delta \, U\Psi \; (74)$$

$\Delta \, U\Psi$, es la energía desde el punto cero hasta que empieza la reacción.

$$\Delta \, U\Psi = \Delta \, H\Psi - \Delta \, (PV)\Psi \quad (75)$$

$$Ea = RT + \Delta \, H\Psi - \Delta \, n_g\Psi \, RT \quad (76)$$

Si la reacción es de orden uno, $\Delta \, n_g\Psi = 0$ así que

$$Ea = RT + \Delta \, H\# \quad (77)$$

Para reacciones en disolución también se utiliza la ecuación (77)

En resumen:

Gas, orden uno $Ea = RT + \Delta H\Psi$ y $A = eK_B Te^{\Delta S\Psi / R}/h$

Gas, orden dos $Ea = 2RT + \Delta H\Psi$ y $A = e^2 K_B T. e^{\Delta S\Psi / R}/h$

Gas, orden tres $Ea = 3RT + \Delta H\Psi$ y $A = e^3 K_B Te^{\Delta S\Psi / R})/h$

Cuestionario # 8

1. Según la teoría de Eyring, cuál será el valor de Ea y el factor de frecuencia para una reacción de orden cero en fase gaseosa.
2. La descomposición de los haluros de nitrosilo se da de la forma siguiente:

$$2NOCL(g) \rightarrow 2NO(g) + CL(g)$$

Sí $A = 1.10^{-13}\ M^{-1}s\text{-}1$ y Ea = 104 Kj.mol^{-1}. Calcular $\Delta H\Psi$ y $\Delta S\Psi$ a 300 K.

3. Para la isomerización unimolecular del metil cianuro:

$$CH_3CN(g) \rightarrow CH_3CN(g)$$

Los parámetros de Arrhenius son:

$A = 2,\ 5.10^{16}$ s-1 Ea = 272 Kj.mol-1. Determine los parámetros de Eyring, $\Delta H\Psi$ y $\Delta S\Psi$ a 300 K.

Respuesta al Cuestionario # 8

1. Ea = RT + Δ HΨ - (1 - 0) RT

$$Ea = \Delta H\Psi$$

Como $k_2 = [k_B.T)/h.C^{-1}] \; . \; e^{\Delta S\Psi / R} \; . \; e^{-\Delta Ea / RT})$

$[k_B T /h.C^{-1}] \; . \; e^{\Delta S\Psi / R})=A$

2. Por las unidades, la reacción es de orden dos en fase gaseosa.

Δ HΨ = Ea - 2RT = 104 – 2x8, 314.10^{-3}. 300 = 99 Kj. mol^{-1}

Δ SΨ = Rln A.h.C)/(e^2 K_B T)]

Δ SΨ = 8,314 Ln (1.10^{13}. 6, 62.10^{-34}/e^2. 1, 38.10^{-23}.300)

Δ SΨ = -12, 7 J. mol^{-1} K^{-1}

3. Δ HΨ = Ea - RT = 272 - 8,314.10^{-3}. 300

Δ HΨ = 269,5 Kj. mol^{-1}

Δ SΨ = Rln [A.h.C)/(e^2 K_B. T]

Δ SΨ = 8,314ln[(2,5. 10^{16}. 6,626.10^{-34})/[e^2 .1,38. 10^{-23} 300]

Δ SΨ = 52,32 J.mol^{-1} K^{-1}

CAPÍTULO 5

REACCIONES SENCILLAS EN DISOLUCIÓN

Uno de los estudios más importante que se sigue en cinética en disolución es el efecto de las sales disueltas en una reacción química y el efecto sobre la constante de velocidad.

EFECTO SALINO PRIMARIO

La mayoría de las reacciones entre los iones en solución, particularmente entre iones simples de carga opuesta, se producen tan rápidamente que hasta hace poco era imposible medir las velocidades de estas reacciones.

Hay algunas reacciones entre iones y moléculas neutras que se desarrollan tan lentamente que permiten el empleo de métodos ordinarios. Las constantes de velocidad de estas reacciones dependen de la intensidad iónica de la solución.

La ecuación k = ko ((γAγ B) / (γABΨ)) o, fue deducida primero por Bronsted y Bjerrum, antes de que se expusiera la teoría de las velocidades absolutas de reacción: si se aplica a las reacciones iónicas.

Al combinar esta ecuación con la ley límite para coeficientes de actividad iónica de Debye Hückel, puede deducirse la dependencia de la constante de velocidad con la intensidad iónica. Al expresar la ecuación anterior en forma logarítmica.

$$\text{Log } k = \log ko + \log \gamma A + \log \gamma B - \log \gamma AB\Psi. \quad (78)$$

Para un ion simple se encuentra, que la ley límite de Debye Hückel es:

$$\log \gamma_i = -A_D z_i^2 (\mu)^{1/2}. \quad (79)$$

la aplicamos a la reacción en disolución siguiente:

$$A^{+z}{}_{(ac)} + B^{-z}{}_{(ac)} \rightarrow AB\Psi$$

Donde A_D es una constante; en agua a 25 °C, $A_D = 0.50$, aplicando la ley límite en la ecuación (1), sabiendo que $z\Psi = z_A + z_B$, se transforma en:

$$\log k = \log ko - A_D [z_A{}^2 + z_B{}^2 - (z_A + z_B)^2](\mu)^{1/2} = \log ko + 2A_D z_A z_B (\mu)^{1/2}. \quad (80)$$

Como A_D = 0.50, tenemos

$$\log k = \log ko + z_A z_B (\mu)^{1/2}. \quad (81)$$

La gráfica de log k contra la raíz cuadrada de la intensidad iónica nos daría, en solución diluida, una línea recta con una pendiente igual a $z_A z_B$.

Si los iones tienen signos iguales $z_A z_B$ es positivo y la constante de velocidad aumenta con el aumento de la intensidad iónica, Si tienen carga opuesta, la constante de velocidad disminuye con el aumento de la intensidad iónica. La ecuación (81) es una descripción del efecto salino cinético primario.

La siguiente figura indica la verificación de esta ecuación según LaMer. El acuerdo es realmente satisfactorio las reacciones para dicha figura son:

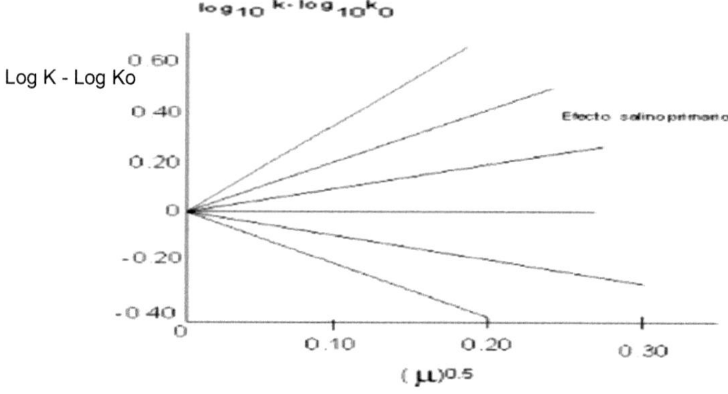

Figura 5. Efecto de la fuerza iónica sobre la constante de velocidad

I. $Co(NH_3)_5 Br_2^{+2} + Hg^{2+}$, $z_A z_B = 4$

II. $S_2 O_8^{-2} + I^-$ $z_A z_B = 2$

III. $NO_2 NCO_2 C_2 H_5^- + I^-$ $z_A z_B = 1$

IV. $C_{12} H_{22} O_{11} + OH^-$ $z_A z_B = 0$

V. $H_2 O_2 + H^+ + Br^-$ $z_A z_B = -1$

VI. $Co(NH_3)_5 Br^{+2} + OH^-$ $z_A z_B = -2$

La razón física tras el comportamiento en los casos de cargas iguales y desiguales en los iones, es resultado de la carga neta relativa en el complejo. El valor del coeficiente de actividad disminuye exponencialmente con z ^{2}. Si ambos iones tienen el mismo signo, el complejo tiene una carga neta alta comparada con cualquier otra.

Problemas Propuestos

1. Una reacción cumple la reacción estequiométrica

$$A + 2B \rightarrow 2Z$$

Las velocidades de formación de Z, a ciertas concentraciones de A y B son:

C_A (M)	C_B (M)	Velocidad (M/s)
3,5.10-2	2,3.10-2	3,5.10-2
7,0.10-2	4,6.10-2	3,5.10-2
7,0.10-2	9,2.10-2	3,5.10-2

¿Qué valor tiene α y β en la ecuación de velocidad

$v=kC_A^{\alpha} C_B^{\beta}$ y cuál es el valor de la constante de velocidad?

2. Un determinado reactivo se descompone a 600K con una constante de velocidad de $3,8.10^{-5}$ s-1.

   Calcule la vida media. b) Qué fracción queda sin descomponer en un tiempo de 3h

3. Derive la ecuación de velocidad integrada para la reacción 2A + B →P. La velocidad es proporcional a $C_A^2 C_B$ y los reactivos están presentes en proporciones estequiométricas. Considere que la concentración de A es $2C_{Ao}$ y la de B es C_{Ao}. Obtenga una expresión para la vida media de la reacción.
4. Se registraron los siguientes conteos por minutos para un isótopo de azufre a diversos tiempos:

Tiempo (d)	Conteos/min
0	4280
1	4245
2	4212
3	4179
4	4146
5	4113
10	3952
15	3798

Determine la vida media en días y la constante de velocidad. ¿Cuántos conteos por minutos se registraron después de 95 días?

5. La reacción en fase gaseosa del óxido nítrico con el oxígeno es de orden tres. Se ha medido las constantes de velocidad con las temperaturas de la forma siguiente:

T (K)	80	143	228	300	413	564
$k.10^6$	41,8	20,2	10,1	7,1	4,0	2,8

El comportamiento se interpreta en términos de un factor pre exponencial dependiente de la temperatura, la ecuación de velocidad tiene la forma:

$$k=aT^n e^{-E/RT}$$

Donde a y n son constantes. Suponga que la energía de activación es igual a cero determine el valor de n con aproximación a un decimal.

6. Dos reacciones del mismo orden tienen energía de activación igual y su entropía de activación difiere por 50 JK-1mol-1. Calcule la relación de sus constantes de velocidad a cualquier temperatura.
7. La reacción en fase gaseosa $H_2 + I_2 \rightarrow 2HI$

es de segundo orden. Su constante de velocidad a 400 °C es de $2,34.10^{-2}$ M^{-1}/s y su energía de activación es de 150 Kj mol^{-1}. Calcule $\Delta H\Psi$,$\Delta S\Psi$, y $\Delta G\Psi$ a 400 °C y el factor de frecuencia.

8. Se obtuvieron los datos que a continuación se señalan, para la hidrólisis de ATP catalizada con miosina.

Temperatura (°C)	k_C x 10^6 / s^{-1}
39,90	4,67
43,80	7,22
47,10	10,00
52,20	13,90

Determine a 40 °C, la energía de activación, la entalpía de activación, la energía libre de activación y la entropía de activación.

9. La constante de velocidad para la reacción entre iones persulfato e iones yoduro varía según la fuerza iónica como sigue:

μ / 10^{-3} M	k / $(Ms)^{-1}$
2,45	1,05
3,65	1,12
4,45	1,16
6,45	1,18
8,45	1,26
12,45	1,39

Estime el valor de Z_A, Z_B y ko.

10. Cuando el muonio se descubrió no se sabía si tenía carga eléctrica. Se hizo un estudio cinético acerca de la fuerza iónica y su efecto sobre la reacción Mu + Cu^{+2} en solución acuosa. Se obtuvieron las siguientes constantes de velocidad:

μ = 0	k = 6,50 x 10^9 (M.s)-1
μ = 0,9 M	k = 6,35 x 10^9 (M.s)-1

Suponga que el muonio tiene una sola carga negativa; ¿Qué valor tendrá k a una fuerza iónica de 0,9 M? ¿Qué se deduce acerca de la carga real muonio?

11. Las constantes de velocidad de una reacción de orden dos en solución acuosa a 25 °C, tienen los siguientes valores a dos fuerzas iónicas:

μ/M	k/M.s
2,5 x 10-3	1,40 x 10-3
2,5 x 10-2	2,35 x 10-3

Estime el valor de Z_A Z_B.

12. Explique con razonamiento propio, la diferencia entre orden y la molecularidad de una reacción.
13. Describa los métodos experimentales que se utilizan para estudiar la cinética a) vida media, b) vida fraccionada.
14. Prediga los efectos de la fuerza iónica sobre la constante de velocidad si esta es incrementada:

$$A^{+2} + B^{-1} \rightarrow X^{+1}$$

$$A^{+1} + B^{+2} \rightarrow X^{+3}$$

$$A + B \rightarrow A^{+} B^{-}$$

De una explicación clara en cada caso. ¿Qué puede decirse de la entropía de activación?

CAPÏTULO 6

Relaciones Lineales de Energía libre

La relación entre la constante de equilibrio para una reacción y la diferencia entre las energías libres estándar, ΔG^o, del producto y los reactivos está dada por:

$$\ln K=-(G_P{}^o-G_R{}^o)/RT=-\Delta G^o/RT \quad (82)$$

Se puede escribir una expresión similar para la constante de velocidad de reacción utilizando la energía de libre activación, $\Delta G\Psi$, de acuerdo a la siguiente expresión:

$$\ln k=-\Delta G\Psi/RT+\ln(\kappa KT/h) \quad (83)$$

Por lo tanto, si estimamos la energía libre estándar de los compuestos orgánicos y el estado de transición, sería posible calcular las constantes de equilibrio, usando las ecuaciones (82) y (83). Sin embargo, se sabe experimentalmente que trazar ln k ó ln K para una serie de reacciones contra lnk ó lnK para una segunda serie relacionada frecuentemente da una línea recta. La relación lineal se puede expresar en la forma:

$$\ln k_1=A\ \ln Ke+B \quad (84)$$

Donde A y B son constantes. La correlación con la energía libre de activación para κlos cambios de reacción será:

$$-\Delta G\Psi/RT+\ln(k\kappa T/h)=A(-\Delta G^o/RT)+B \quad (85)$$

Si multiplicamos por RT la ecuación (85) y comparamos:

$$-\Delta G\Psi+RT\ln(k\,\kappa\,T/h)=-A\,\Delta G^o+RTB \quad (86)$$

$$A=\Delta G\Psi/\Delta G^o \quad (87) \qquad y \quad B=\ln[k\kappa T/h] \quad (88)$$

Esto indica que la relación depende de los factores estructurales y solventes; el factor A, se denomina constante de reacción y para una serie estándar es aproximadamente igual a la unidad.

Teoría de Hammett

La ecuación de Hammett, es la más conocida de muchas relaciones lineales de energía libre. Esta teoría correlaciona las velocidades de reacción y las constantes de equilibrio para las reacciones del lado de la cadena de derivados sustituidos del Benceno en posición meta y para. Debido a la disponibilidad de datos la reacción patrón fue la disociación en el equilibrio del ácido benzoico en agua a 25 ºC.

Para cualquier sustituyente, el valor de log k! / logk$_0$! , fue definido como σ, donde k! Es la constante de ionización del ácido benzoico sustituido y ko es la constante de ionización del ácido benzoico. Como ln k!/k$_0$! =A o log k! /log k$_0$! donde A, está dada por el símbolo ρ.

La expresión de Hammett, se puede escribir de la siguiente forma:

$$\log K/Ko] = \rho\sigma \quad (89)$$

Expresada en constante de equilibrios ó en constante de velocidad de acuerdo a la fórmula:

$$\log k/ko = \rho\sigma \quad (90)$$

Debido a que la presencia de grupos atractores de electrones incrementa la fuerza de los ácidos benzoicos, estos sustituyentes tienen un valor positivo para esta reacción, mientras que grupos que liberan electrones tienen un valor negativo esto se aprecia en el siguiente esquema:

G-COO^{-1}	G-COO^{-1}
G atrae electrones, estabiliza al anión.	G libera electrones, destabiliza al anión
Aumenta la acidez.	Disminuye la acidez.

Constantes de Acidez de Ácidos Benzoicos Sustituidos		
Ka del Ácido Benzoico = 6.3. 10^{-5}		
Ka 10^5	Ka 10^5	Ka 10^5
p-NO_2 36	m-NO_2 32	o-NO_2 670
p-CL 10.3	m-CL 15.1	o-CL 120
p-CH_3 4.2	m-CH_3 5.4	o-CH_3 12.4
p-OCH_3 3.3	m-OCH_3 8.2	o-OCH_3 8.2
p-OH 2.6	m-OH 8.3	o-OH 105
p-NH_2 1.4	m-NH_2 1.9	o-NH_2 1.6

Tabla 2. Tomada http://organica1.org/qo1/ok/acidos/acido14.htm (visita Agosto 2018)

R, R′ — OH (ácido) + H_2O $\underset{}{\overset{25°C}{\rightleftharpoons}}$ R, R′ — O^- + H_3O^+

A veces la gráfica de log k vs σ cambia de pendiente más o menos abruptamente a medida que se cambian los sustituyentes de manera que se obtienen dos líneas rectas. La razón para que se dé este comportamiento es que probablemente el mecanismo de la reacción está cambiando como respuesta a los cambios de sustituyentes.

En la gráfica muestra el resultado de la aplicación del método al ácido fenilacético sustituido y a ácido 3-fenilpropiónico.

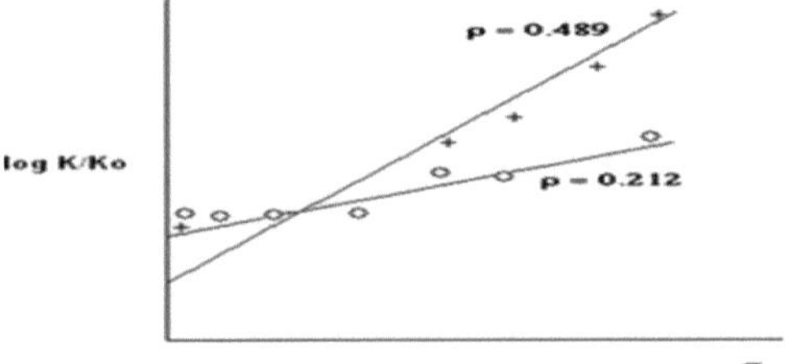

Gráfica de log K/K0 vs. σ para la disociación del ácido fenilacético X-$C_6H_4CH_2COOH$ (+)(ρ = 0.489) y del ácido fenilpropiónico X-$C_6H_4CH_2CH_2COOH$ (o) (ρ= 0.212).

Los valores de ρ son positivos en ambas reacciones pero disminuyen en magnitud a medida que la sustitución del anillo está más lejos del sitio de reacción.

Tabla 3. Valores de ρ para la disociación de algunos ácidos

Ácido	Solvente	ρ
X-C_6H_4-COOH	H_2O	1,00
X-C_6H_4-COOH	C_2H_5OH	1,957
X-$C_6H_3(NO_2)$-COOH	H_2O	0,905
X-C_6H_4-OH	H_2O	2,113

Tabla 4. Valores de ρ obtenidos a partir de las velocidades de reacciones heterolíticas

Reacción	Solvente	Temp.	ρ
X-C_6H_4-C(=O)-OCH_3 + OH^- → X-C_6H_4-C(=O)-O^-	Acetona, 60%	25°	2,229
X-C_6H_4-C(=O)-OC_2H_5 + H^+ → X-C_6H_4-C(=O)-OH	Acetona, 60%	100°	0,106
X-C_6H_4-C(=O)-Cl + H_2O → X-C_6H_4-C(=O)-OH	Acetona, 50%	0°	0,797
X-C_6H_4-C(=O)-H + HCN → X-C_6H_4-C(OH)(H)-CN	Etanol, 95%	20°	2,329
X-C_6H_4-CH(Cl)-C_6H_5 + C_2H_5OH → X-C_6H_4-CH(OC_2H_5)-C_6H_5	Etanol	25°	-5,090

Tabla 5. Valores de las constantes de Reacción de Hammett

Sustituyente	σ	σ_{p}
CF_3	0.54	0.48
COMe	0.50	0.49
COEt	0.48	0.49
$COCHMe_2$	0.47	0.49
CCl_3	0.46	0.48
CO_2Et	0.45	0.48
CO_2H	0.45	0.49
CO_2Me	0.45	0.49
COPh	0.43	0.46
CHO	0.42	0.38
CONHMe	0.36	0.36
OCOMe	0.31	0.27
CBr_3	0.29	0.27
Br	0.23	0.19
Cl	0.23	0.21
SH	0.15	0.02
SiH_3	0.10	0.12
F	0.06	0.13
$SiMe_3$	-0.07	-0.03
Pr	-0.13	-0.13
Et	-0.15	-0.13
Me	-0.17	-0.15
OMe	-0.27	-0.29
NH_2	-0.66	-0.67
NMe_2	-0.82	-0.78

Efecto de Resonancia

Para el efecto de resonancia de los anillos aromáticos se debe considerar los aspectos siguientes:

σ_P=Efecto del cambio del electrón π,en la posición para.

σ_O=Efecto del cambio del electrón π,en la posición orto.

σ_m=Efecto del cambio del electrón π,en la posición meta.

σ_m - σ_P= Efecto de resonancia para estas posiciones

Ecuación de Okamoto-Brown

La sustitución electrofílica en los anillos aromáticos, como la nitración, cloración e isopropilación, obedecen a una ecuación tipo Hammett de la forma:

$$\log (k/ko) = \sigma^{+} \rho \quad (91)$$

donde σ^{+} se aplica a la sustitución por cationes en las posiciones meta y para. En la posición meta hay que corregir por un factor de 2, ya que hay dos posiciones equivalentes. Los valores de $\sigma+$ son casi iguales a los σ_m , pero los de σ_p+ son en general mayores. A continuación, se presenta los valores para utilizar esta ecuación:

Valores de σ+ Okamoto- Brown

Substituent	*Meta*	*Para*
CH_3O	0.047	−0.778
CH_3	−0.066	−0.311
C_2H_5	−0.064	−0.295
$(CH_3)_2CH$	−0.060	−0.280
$(CH_3)_3C$	−0.059	−0.256
H	0.00	0.00
F	0.352	−0.073
Cl	0.399	0.114
Br	0.405	0.150
I	0.359	0.135
$CO_2C_2H_5$	0.366	0.482
CN	0.562	0.659
NO_2	0.674	0.790
CO_2^-	−0.028	−0.023
$N(CH_3)_3^+$	0.359	0.408

Tabla 6. Tomado de J. Am. Chem. Soc., 80, 4979 (1959).

Los valores de ρ para la sustitución aromática son considerablemente mayores (-4 a -10) que los correspondientes a sustituciones en cadenas laterales. Las reacciones usadas para satisfacer esta ecuación fue la solvolisis de los cloruros de cumil en acetona al 90% a 25°C.

Esta reacción ciertamente involucra la formación de un ión carbonio intermediario y un estado de transición con una carga positiva considerable.

Ecuación de Van Bekkun.

Otra función lineal de energía libre es la ecuación de Bekkun, donde demuestra el efecto de resonancia en las sustituciones aromáticas y el efecto de la estabilización positiva de los sustituyentes, la ecuación fue propuesta por Yukawa y Tsuno y tiene la siguiente forma:

$$\log (k/ko) = \rho[\sigma + r(\sigma+ - \sigma)] \quad (92)$$

Donde, σ+ - σ = Contribución de Resonancia en el modelo de Hammett.

Se grafica 1/ρ log (k/ko) - σ en función de (σ+ - σ).

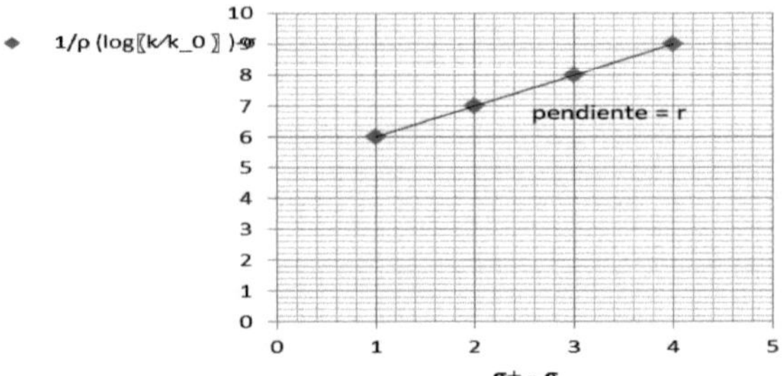

Si r = 0, no importa la contribución de resonancia, pero si r>0, la contribución de resonancia es importante. Para la bromolisis del ácido benceno boronico r = 2,29 y para la epoxidación del cis- dimetilestilbeno es 0,323.

Ahora bien, si existe estabilización de iones negativos la expresión se formula así:

$$\log k/ko = \rho[\sigma + r(\sigma - - \sigma)] \quad (93)$$

Si se analiza la pendiente, para valores de r igual a 1 o cercano, la ecuación toma la forma de Okamoto y si es cero se transforma en la de Hammett.

Tabla 7. Constantes de Hammett para electrodonador y electroatractor

Substituent	Hammett constants		
	σ	σ^+	σ^-
p-MeO	- 0,27	- 0,78	- 0,27
m-MeO	0,12	0,05	
p-Me	- 0,17	- 0,31	- 0,17
m-Me	- 0,07	- 0,07	- 0,07
p-Bu^t	- 0,20	- 0,26	
m-Bu^t	- 0,10	- 0,06	
p-F	0,06	0,07	
m-F	0,34	0,35	
p-Br	0,23	0,15	0,22
m-Br	0,39	0,41	
p-Cl	0,23	0,11	
m-Cl	0,37	0,40	0,38
p-CO_2Et	0,45	0,48	0,68
p-NO_2	0,78	0,79	1,27
m-NO_2	0,71	0,67	0,70

Tomado de la Fisicoquímica Orgánica de R. Guilliom (1970).

Ecuación de Taft.

La ecuación de Hammett, ha estado establecida específicamente con aromáticos sustituidos en la posición "meta (1,3), y para (1,4)". Si se considera la sustitución orto (1,2), debemos reconocer que la presencia de grupos tan cercanos al centro de las reacciones puede proporcionar otro mecanismo de interacción, llamado efecto estérico. Siguiendo la sugerencia de Ingol, Taft demostró que los términos polares y estéricos pueden ser tratados separadamente. La ecuación de hidrólisis de ésteres derivados del benceno en posición orto sustituido el cual fue usada como una ecuación modelo. Cuando la reacción es catalizada por ácidos y los sustituyentes son meta y para, los valores de ρ de la ecuación de Hammett fluctuaron entre 0,2 y 0,5, similarmente en la saponificación catalizada por bases, dio un rango + 2,2 y +2,8 de ρ. Debido a que ambas reacciones tienen complejos activados similares (difiere solo en dos protones), cualquier efecto estérico debe ser el mismo con un valor constante.

(R-C_(··OH)^··OH···O_(··R)^··H ión carbonio.3 protones)

(R-C_(··OH)^··O···OR) no ión,1 proton)

Si se asume, un $\Delta G\Psi$ relativa para la reacción, puede ser tratado como una suma de reacciones de acuerdo a la ley de Hess. Se puede escribir la ecuación siguiente:

$$\log k/ko] = \rho^* \sigma^* + S\, Es \quad (94)$$

Si se observa esta tiene la misma forma de la ecuación de Hammett, pero se la añade otro término, el parámetro polar σ^*, es una medida del efecto polar de un sustituyente, mientras que ρ^* mide la sensibilidad de la reacción debido al efecto polar. De igual forma, Es, es una medida del efecto estérico introducido por Taft para un sustituyente y S mide la sensibilidad de la reacción debido al efecto estérico. Se puede escribir la ecuación para los dos medios así:

$$\log(k/ko)_B = \rho_B^* \sigma^* + S_B\, Es \quad (95)$$

$$\log(k/ko)_A = \rho_A^* \sigma^* + S_A\, Es \quad (96)$$

Si restamos las dos ecuaciones se logra lo siguiente:

$$(\log k/ko)_B - (\log k/ko)_A = (\rho_B^* - \rho_A^*)\sigma^* + (S_B - S_A)Es \quad (97)$$

Esta expresión se puede simplificar como se puntualizó previamente, el efecto estérico es el mismo en ambas reacciones, por lo que (S_B -S_A)=0, también el efecto polar de una reacción catalizada por ácidos es muy pequeño por lo que ρ_A*=0, entonces la ecuación de Taft se expresa de la forma siguiente:

$$\sigma^* = (1/2,48)[(\log k/ko)_B - (\log k/ko)_A] \quad (98)$$

Los valores para utilizar la ecuación de Taft fue la última serie, se eligió CH_3 CO_2 R´ como el compuesto estándar, Ko. Algunos de sigma para las dos series se dan en la tabla 5:

Tabla 8. Valores de los sustituyentes de Taft.

R	σ^*	E_s	R	σ^*	E_s
Substituents in Aliphatic Series R—Y‡					
Cl_3C	2.65	−2.06	$(C_6H_5)_2CH$	0.41	−1.76
Cl_2CH	1.940	−1.54	$C_6H_5CH_2$	0.215	−0.33
$ClCH_2$	1.05	−0.24	$C_6H_5(CH_2)_2$	0.080	−0.38
FCH_2	1.10	−0.24	$C_6H_5(CH_2)_3$	0.02	−0.45
$BrCH_2$	1.00	−0.27	CH_3	0.000	0.00
ICH_2	0.85	−0.37	C_2H_5	−0.100	−0.07
$NCCH_2$	1.300		nor-C_3H_7	−0.115	−0.36
CH_3CO	1.65		iso-C_4H_9	−0.125	−0.93
C_6H_5	0.600	—§	nor-C_4H_9	−0.130	−0.39
H	0.490	1.24	iso-C_3H_7	−0.190	−0.47
$HOCH_2$	0.555		*sec*-C_4H_9	−0.210	−1.13
CH_3OCH_2	0.520	−0.19	*tert*-C_4H_9	−0.300	−1.54
ortho Substituents					
OCH_3	−0.39	0.99	Cl	0.20	0.18
OC_2H_5	−0.35	0.90	Br	0.21	0.00
CH_3	−0.17	0.00	I	0.21	−0.20
H	0.00	—§	NO_2	0.78	−0.75
F	0.24	0.49			

Tomado de: J. Ame. Soc., 74, 3120 (1952).

Ecuación de Swain-Scott.

Un nucleófilo es una especie química que le da un par de electrones a un electrófilo para formar un enlace químico en una reacción . Todas las moléculas o iones con un par de electrones libres o al menos un enlace pi pueden actuar como nucleófilos. Como los nucleófilos son libres de electrones, son por definición bases de Lewis .

Se han diseñado muchos esquemas para tratar de cuantificar la fuerza nucleofílica relativa. Los datos empíricos se obtienen midiendo la velocidad de reacción de un gran número de reacciones que involucran una gran cantidad de nucleófilos y electrófilos. Los nucleófilos que presentan el llamado efecto alfa generalmente se omiten en este tipo de tratamiento. Se han usado diferentes ecuaciones y una de ellas es la propuesta por Swain-Scott.

El primer intento que se ideó para medir nucleófilos fue la aplicación de la ecuación de Swain-Scott obtenida en 1953.

log k /ko =sn (99)

Esta relación entre la energía libre relaciona la constante de velocidad de reacción de pseudo primer orden (en agua a 25 ° C) para una reacción, llamado k , normalizado a la velocidad de reacción, ko , una reacción estándar con agua como nucleófilo con una constante n nucleófilo para un nucleófilo dado y una constante de sustrato s que depende de la sensibilidad de un sustrato al ataque nucleofílico (definido como 1 para el bromuro de metilo). Este tratamiento da lugar a los siguientes valores para aniones nucleófilos típicos: acetato 2,7, cloruro 3,0, azida 4,0, hidróxido 4,2, anilina 4,5, yoduro 5,0 y tiosulfato 6,4. Las constantes de sustrato típicas son 0,66 para tosilato de etilo , 0,77 para β-ownolactona , 1,00 para 2,3-epoxipropano , 0,87 para cloruro de bencilo y 1,43 para cloruro benzoilo .

La ecuación predice que, en un desplazamiento nucleofílica en el cloruro de bencilo , el anión azida reacciona 3000 veces más rápido que el agua.

La nucleofilicidad de un número de sustrato en reacción de sustitución nucleofílica, se escogió como modelo el desplazamiento nucleofílico del bromuro de metilo en agua a 25 °C,

para obtener la relación lineal de energía libre antes señalada. El valor de s es igual a 1,00 para la reacción del bromuro de metilo y el valor de n es cero para el agua, los valores de la nucleofilicidad relativas por el ataque de grupos están en la tabla (). Los valores de la sensibilidad, del sustrato particular a los cambios de nucleofilicidad están en la tabla (9).

Tabla 9. Valores de n de Swain-Scott

Nucleófilo	*n*	*Nucleófilo*	*n*
H_2O	0,0	$(NH_2)_2CS$	4,1
NO_3^-	1,0	HO^-	4,2
$SO_4^=$	2,5	SCN^-	4,4
Cl^-	2,7	$C_6H_5NH_2$	4,5
$CH_3CO_2^-$	2,7	I^-	5,0
HCO_2^-	2,8	HS^-	5,1
$C_6H_5O^-$	3,5	$SO_3^=$	5,1
Br^-	3,5	CN^-	5,1
C_5H_5N	3,6	$S_2O_3^=$	6,4
N_3^-	4,0	$HPSO_3^=$	6,6

Tomado de: P. R. Wells, Chem. Revs. 63, 171 (1963).

Tabla 10. Valores de S de Swain-Scott

Substratos	*S*		*S*
CH_3Br	1,00	CH_2-- O	
CH_3I	1,15	CH_2 --C=O	0,77
↙O↘		CH_2	
$ClCH_2CHCH_2$	1,00	S^+ CH2CH2Cl	0,95
$HOCH_2CHCH_2$	0,96	CH_2	
↘O↗		$ClCH_2CO_2^-$	1,00
$BrCH_2CO_2^-$	1,10	$C_6H_5CH_2Cl$	0,87
$ICH_2CO_2^-$	1,33	$C_2H_5OSO_2C_7H_7$	0,66
$C_6H_5SO_2Cl$	1,25	C_6H_5COCl	1,43
		$(C_6H_5)_3$ CF	0,61

Tomado de: P. R. Wells, Chem. Revs. 63, 171 (1963).

Problemas Propuestos

1.- La descomposición del cloruro de bencenodiazonio en HCl diluido en PH 7 es de primer orden. Aunque la tasa es casi independiente de la concentración de iones CI-, la composición del producto no lo es. El bromobenceno es el principal producto a altas concentraciones de CI- y el fenol predomina a bajas concentraciones de CI-. Los efectos de los sustituyentes son:

Sustituyente	K x 10^4 s-1
m-CH3	3,4
H	0,74
m-CI	0,031
m-NO2	0,00069

a) Haz un diagrama de Hammett de estos datos.

b) Calcule K para p-CH3O. Los valores observados son $0{,}11\text{x}10^{-7}$ s-1. Explica la desviación.

2 a) Calcule el valor de ρ de la ecuación de Okamoto-Brown, usando los datos de la solvólisis del cloruro de bencilo en 50% EtOH a 60 °C. Use el método de los

mínimos cuadrados.

Sustituyente:	p-CH3	p-F	H	p-CI
K $x10^5$ S^{-1}:	27,3	4,48	3,02	1,69

b) Cuál es el valor de la desviación estándar de los valores de K.

c) Calcular el error estándar de ρ.

d) Calcular K para la solvolisis de p-nitrobencil clorhídrico. El valor observado es $0{,}198x10^{-4}$ s-1.

3.- Ha sido propuesto la relación log k / ko = γL. Para la reacción:

CH3O- + CH3X -------- CH3OCH3 + X-

γ se define como 1.0 y L como 0.0 para X = Br

a) Sugerir lo que γ y L miden.

b) Evaluar para registrar k para el cloruro de metilo, usando L para Cl = -1,61, para la reacción

$CH_3X + H_2O$ ---- $CH_3OH + HX$

Para esta reacción, γ es 1.082 y k para bromuro de metilo es $3.31x\ 10^{-7}$ s-1.

Referencias Bibliográficas

1. P, Atkins, (2002). Química Física. 6ªed., Oxford University Press.
2. H. Avery, (1977). Cinética Química Básica y Mecanismos de Reacción. Ed. Reverté.
3. G. Billing y K. Mikkelsen, (1997). Advanced Molecular Dynamics and Chemical Kinetic. John Wiley & Sons. Inc., New York.
4. M. Boudart, (1974). Cinética de los Procesos Químicos. Ed. Alhambra.
5. M. Brouard, (1998). Reaction Dynamics. Series Sponsor, Zeneca, México.
6. G. Castellan, (1983). Fisicoquímica. Addison Wesley Iberoamericana.
7. K. Laidler, (1979). Cinética de Reacciones. Vol. 1 y 2. Editorial Alhambra
8. K. Laidler y J. Meiser, (2003). Fisicoquímica. Editorial Continental. México.
9. I. Levine, (1991). Fisicoquímica. Ed. McGraw-Hill.
10. R. Weston y H. Schwarz, (1976). Cinética Química. Ed. Alhambra.
11. F. Wilkinson, (1980). Chemical Kinetics and Reaction Mechanisms. Van Nostrand. Reinhold.
12. P.R. Wells (1963). Chem. Revs.63, 171
13. R.W. Taft (1952). J. Chem. Soc. 74, 3120.
14. H.C. Brown and Y. Okamoto (1958). J. Am. Chem. Soc. 80, 4979.

Printed by Books on Demand GmbH, Norderstedt / Germany